通信 连通你我他

徐先玲　靳轶乔　编著

中国商业出版社

图书在版编目（CIP）数据

通信连通你我他 / 徐先玲，靳轶乔编著 .—北京：中国商业出版社，2017.10

ISBN 978-7-5208-0050-1

Ⅰ . ①通… Ⅱ . ①徐… ②靳… Ⅲ . ①通信原理－青少年读物 Ⅳ . ① TN911-49

中国版本图书馆 CIP 数据核字 (2017) 第 231159 号

责任编辑：孔祥莉

中国商业出版社出版发行

010-63180647　www.c-cbook.com

（100053　北京广安门内报国寺 1 号）

新华书店经销

三河市同力彩印有限公司印刷

*

710 × 1000 毫米　16 开　12 印张　195 千字

2018 年 1 月 第1 版　2018 年 1 月 第1 次 印 刷

定价：35.00 元

* * * *

（如有印装质量问题可更换）

目录

contents

第一章 信息载体——古代通信

时代脉搏——科技通信

第一章

信息载体
——古代通信

第一节 沟通之媒——通信

1. 长话短说——通信的含义

自从人类诞生以来，在语言还未产生之前，人与人的日常交流和沟通过程中，肢体动作是人们传递信息和交流感情的唯一方式，这就是最原始的通信的雏形和起源。后来，随着劳动和生产活动的日趋频繁，人类社会也向更高层次的方向和水平发展，交流和沟通的内容也更加丰富，信息量陡然倍增，通信被赋予了新的内涵。

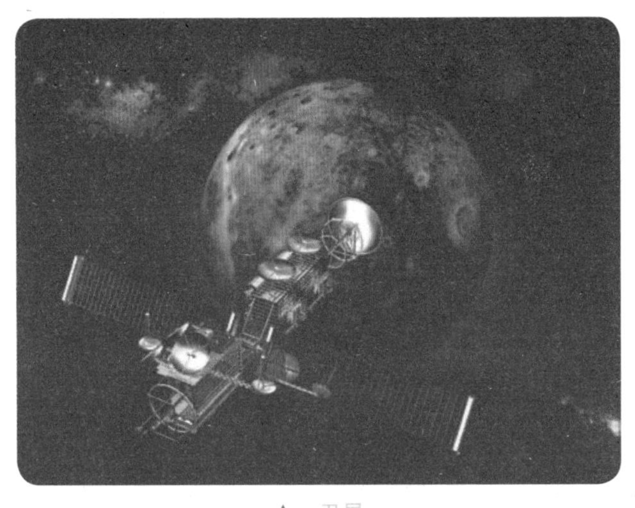

▲ 卫星

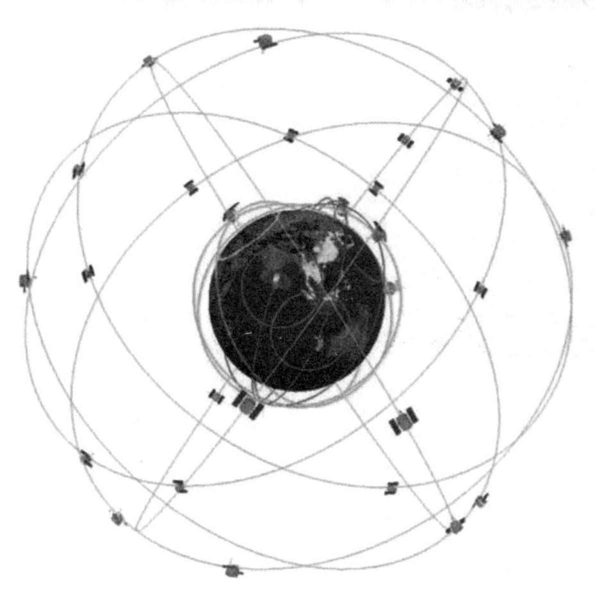

▲ 卫星的轨道

通信属于自然科学范畴。通信就是信息的传递，是指由一地向另一地进行信息的交换与传输，它的目的是传输消息。

然而，随着社会生产力的发展，人们对传递消息的要求也越来越高，在各种各样的通信方式中，利用“电”来传递消息的通信方法称为电信。这种通信方式具有迅速、准确、可靠等特点，而且几乎不受时间、地点、空间、距离的限制，因而得到了飞速发展和广泛应用。

▲ 通信电话

通信的方式可谓五花八门，不胜枚举。其中最

▲ 古代通信工具——烽火台

主要的是以光电传递为主的古代的烽火台、现代电信等方式，以及以实物传递为主的驿站快马接力、信鸽、邮政通信等信息传递方式。

古代的通信因为距离远，最快也要几天的时间。而现代通信往往以电信方式为主，如电话、短信、传真、电子邮件等注重即时的通信。作为自然科学来说，邮政通信更能体现人与自然的和谐与沟通，但在现今注重经济利益的时期，人们往往不注意人与自然的关系，致使人们对与即时通信相对的邮政通信不太喜欢。

▲ 手机无线电话通信

人类自存在以来，就总是要进行思想交流和消息传递的。远古时代，人类用表情和动作进行信息交流，这是最原始的通信方式。后来，人类在漫长的生活中创造了语言和文字。在交流感情的过程中，人类还创造了许多信息传递方式，如古代的烽火台、

▲ 交通信号灯

▲ 光纤电缆

金鼓、锦旗，航行用的信号灯等，这些都是解决远距离信息传递的方式。

进入19世纪后，人们开始试图用电信号进行通信了。电缆通信是最早发展起来的通信技术之一，它用于长途通信已有60多年的历史，在通信中占有突出地位。

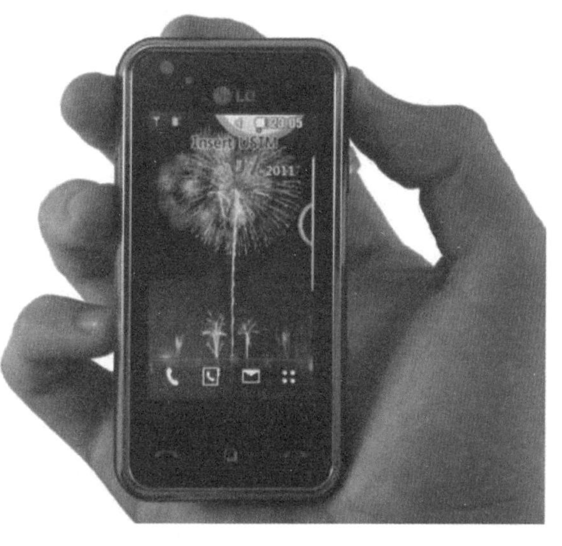

▲ 手机

在光纤通信和移动通信发展之前，电话、传真、电报等各用户终端与交换机的连接全靠市话电缆。

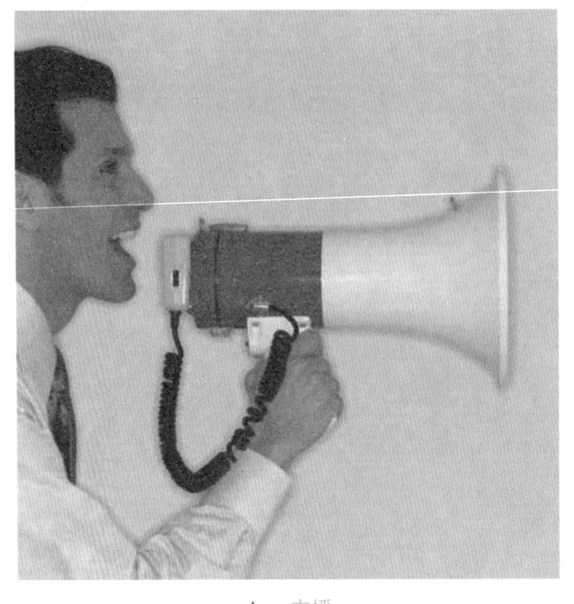
▲ 广播

电缆还曾是长途通信和国际通信的主要手段，大西洋、太平洋均有大容量的越洋电缆。

得到广泛应用的是第二代移动通信系统。它采用窄带时分多址和窄带码分多址数字接入技术，已形成的国家和地区标准有欧洲的 GSM 系统、美国的 IS–95 系统、日本的 PDC 系统，我国主要采用的是欧洲的 GSM 系统。

第二代移动通信系统实现了区域内制式的统一，覆盖了大中小城市，为人们的信息交流提供了极大的便利。随着移动通信终端的普及，移动用户数量成倍地增长，第二代移动通信系统的缺陷也逐渐显现，如全球漫游问题、系统容量问题、频谱资源问题、支持宽带业务问题等。

第三代移动通信系统也就是人们常说的“3G”，是向个人通信发展的一个重要阶段，具有里程碑和划时代的意义。

目前，我国电话网的规模和技术层次均有质的变化，已初步建成了以光缆为主，微波、卫星综合利用，固定电话、移动通信、多媒体通信多网并存，覆盖全国城乡，“4G”“5G”随之而来的通达世界各地，大容量、高速度、安全可靠的电信网。

▲ 形式多样的手机

2. 独木成林——通信的分类

通信的分类有很多种，按照不同的标准，大致可分为五类：

（1）按传输介质分类，通信可分为有线通信和无线通信。

有线通信是指传输介质为导线、电缆、光缆、波导、纳米材料等形式的通信，它的特点是介质能看得见、摸得着（明线通信、电缆通信、光缆通信）。

无线通信是指传输介质看不见、摸不着（如电磁波）的一种通信形式，它包括微波通信、短波通信、移动通信、卫星通信、散射通信。

（2）按信道中传输的信号分类，通信分为模拟信号通信和数字信号通信。

模拟信号：凡是信号的某一参量（如连续波的振幅、频率、相位，脉冲波的振幅、宽度、位置等）可以取无限多个数值，且直接与消息相对应的。模拟信号有时也称连续信号。这个连续是指信号的某一参量可以连续变化数字的信号。

▲ 珠海广播电视发射塔

凡信号的某一参量只能取有限个数值，并且常常不直接与消息相对应的，也叫数字信号。

（3）按工作频段分类，通信分为长波通信、中波通信、短波通信、微波通信。

（4）按调制方式分类，通信分为基带传输和频带传输。

基带传输是指信号没有经过调制而直接送到信道中去传输的通信方式。

频带传输是指信号经

过调制后再送到信道中传输，接收端有相应解调措施的通信方式。

（5）按通信双方的分工，通信方式可分为单工通信、半双工通信和全双工通信三种。

单工通信，是指消息只能单方向进行传输的一种通信工作方式。单工通信的例子很多，如广播、遥控、无线寻呼等。这里，信号（消息）只从广播发射台、遥控器和无线寻呼中心分别传到收音机、遥控对象和传呼机上。

所谓的半双工通信方式，是指通信双方都能收发消息，但不能同时进行收和发的工作方式。对讲机、收发报机等都是这种通信方式。所谓全双工通信，是指通信双方可同时进行双向传输消息的工作方式。在这种方式下，双方都可同时进行收发消息。很明显，全双工通信的信道必须是双向信道。生活中全双工通信的例子非常多，如普通电话、手机等。

古代驿站是干什么用的

驿站是古代供传递官府文书和军事情报的人或来往官员途中食宿、换马的场所。我国是世界上最早建立组织传递信息的国家之一。邮驿历史虽长达 3000 多年，但留存的遗址、文物并不多。

驿站在中国历史上曾起着重要作用，可以说是一个国家的生命线。古代时传递消息和发放官文都用快马，后因马的体力和奔跑的距离很有限，要完成数百公里的传递不得不中途换马，所以就在沿途建立许多马站。后来这种马站又演变成接待过往官员、商人的临时驿站，同时完成传递信息和邮件，并起着军事城堡的功能。可以说驿站在古代起着现代邮局和军事基地的作用。

迄今，我国保存下来的盂城驿是一处水马驿站，在江苏高邮古城南门外；鸡鸣山驿站在河北怀来，是我国仅存的一座较完整的驿城。

目前在北京周边地区的鸡鸣驿是规模最大的一座驿站。它始建于明代初期，也是目前保存最完好的一座驿站，有 500 年的悠久历史。鸡鸣驿的城墙为正方形，每边约 300 米长；城墙为青砖砌垒，内夯黄土，墙高达 15 米，上面有垛口。四周城墙基本保持原样，个别地段有坍塌，城墙上现保存有东西两座城门，其间通有大道，可供人马车辆出入。城内有一些老房，住有人家。

摘自中国商业出版 2015 年出版《中国古代驿站》

第二节 岁月留痕——我国古代通信

1. 狼烟四起——烽火通信

战火骤起，强敌环伺；烽燧并举，狼烟纷绕。在古代战争频仍的年代里，烽火传信以通信最初原始的方式扮演着国家第一道安全屏障的角色，登上了历史的舞台。在历经沧桑的风化雨蚀中，它似乎向人们诉说着烽火岁月的往事……

“烽火”是我国古代用以传递边疆军事情报的一种通信方法，始于商周，沿用至明清，相传千年之久，其中尤以汉代的烽火组织规模

△ 长城上的烽火台

为大。在边防军事要塞或交通要冲的高处，每隔一定距离建筑一高台，俗称烽火台，也称烽燧、墩堠、烟墩等。

烽火台是古时用于点燃烟火传递重要消息的高台，是古代重要军事防御设施，是最古老但行之有效的“土电报”。高台上有驻军守候，发现敌人入侵，白天燃烧柴草以“燔烟”报警，夜间燃烧薪柴以“举烽”（火光）报警。一台燃起烽烟，邻台见之也相继举火，逐台传递，须臾之间传遍千里，以达到报告敌情、调兵遣将、求得援兵、克敌制胜的目的。

“烽火”，古代边防报警的两种信号，白天放烟叫“烽”，夜间举火叫“燧”。烽火，也叫烽燧，是古代军情报警的一种措施，即敌

▲ 烽火台

人白天侵犯时就燃烟（烽），夜间来犯就点火（燧），以可见的烟气和光亮向各方与上级报警。烽火台在汉代称作“烽堠”（烽候）、“亭燧”，唐宋称作“烽台”，并把“烽燧”一词引申为烽火台，明代则一般称作“烟墩”或“墩台”（西北明代墩台，大的还有御敌之功能，小的则只有观望远方的作用而无点烽火之功能）。烽火台一般相距10里左右，明代也有距离5里左右的，守台士兵发现敌人来犯时，立即于台上燃起烽火，邻台见到后依样随之，这样敌情便可迅速传递到军事中枢部门。

烽火台通常选择易于相互瞭望的高冈、丘阜之上建立，台子上有

▲ 新疆库车县尕哈烽火台

▲烽火台遗址

守望房屋和燃烟放火的设备，台子下面有士卒居住守卫的房屋和羊马圈、仓库等建筑。

烽火台的建筑早于长城，但是自从长城出现以后，长城沿线的烽火台便与长城密切地结为一体，成为长城防御体系的一个重要组成部分，有的甚至就建在长城上。特别是汉代，朝廷非常重视烽火台的建设。在某些地段，连线的烽火台建筑甚至取代了长城城墙建筑。

长城沿线烽火台的建筑与长城一样，是“因地制宜，就地取材”。在西北的烽火台多为夯土打筑，也有用土坯垒筑；山区的多为石块垒砌；中东部的自明代有用砖石垒砌或全砖包砌的。烽火台的布置除早期有建在长城干线上之外，一般分为三种：一种在长城城墙以外沿通道向远处延伸，以监测敌人动向；另一种在长城城墙以内，与关隘、镇所、郡县相连，以便及时组织反击作战和坚壁清野；第三种在长城两侧（秦汉时有建在长城上的），以便于迅速调动全线戍边守兵，起而迎敌。早期还有与都城相联系的烽火台，用于尽快向朝廷报警。

烽火台的形状因时因地而不同，大体为方、圆两种。烽火台的功能最重要的是传递军情，它需要与敌台、墙台等长城建筑密切配合。有敌台的地方，敌台可充作传递烽火信息的墩台，没有敌台也没有适于点烽的墙台的地方，按传烽路线必须建有烽火台。烽火台一般独立构筑，也有三五个呈犄角配置为烽堠群的。

居延是中国西北地区古代军事重镇，故址在今内蒙古自治区额济纳旗东南约 17 千米处，地处中央戈壁弱水三角洲。东邻巴丹吉林沙漠北缘，西界马鬃山地，南通河西走廊，北近中蒙边界。地势西南高，东北低，海拔 894~1200 米。地形平坦开阔，戈壁、沙漠广布，植被稀少。弱水南北纵贯，终端汇储成居延海，古称居延泽，历经河道西移，位置向西变迁，面积缩小，中部淤塞，今成东、西二海。弱水、居延海沿岸灌丛密集，水草丰足，利于农牧。居延海及其东部洪果尔吉山（海拔 1256 米）和西部三座狐狸山构成北部天然屏障，扼漠北（蒙

▲ 烽火台遗址

▲ “一夫当关”——古烽火台遗址一角

古高原大沙漠以北地区，清代通称外蒙古）至河西、西域交通要冲，地位重要。

关于烽火台的详细文字记载，在我国敦煌、居延的烽燧遗址中出土的汉简就有说明：“高四丈二尺，广丈六尺，积六百七十二尺，率人二百三十七。”“广丈四尺，高五丈二尺。”汉简中还表明当时守烽燧的人数有五六人或十多人，其中有燧长一人。戍卒平日必须有一人专事守望，有一人做饭，其余的人做修建、收集柴草（包括点烽火时用的柴草）等工作。

汉代西北烽燧的建筑形式，其主要建筑物有一个高台望楼（亭），作为观望敌情、传递消息之用。望楼（烽火台）一般呈方锥体，高达10米以上，上有住房建筑。有的望楼下面或旁边有戍卒居住的小城（有的称作障或坞）。障、坞一般呈方形，边长都在10米以上；障、坞墙都较厚，一般在2至4米乃至7米左右；障、坞的四周埋有称为“虎落”的小木桩，一些大的障、坞内还有羊马圈、仓库、武器库等建筑。

我国的历史文献中对烽火台也有生动描述。

《后汉书》中有记载：“边方备警急，作高土台，台上作桔槔，桔槔头有兜零，以薪草置其中。常低之，有寇，即燃火举之以相告曰烽；又多积薪，寇至，即燔之望其烟曰燧。”文中的桔槔指可以引物上下的高架子，兜零指笼子。唐代杜佑在《通典·拒守法》中，对当时的烽火台作了详细记载：烽台建于高山四顾险绝的地方，无山也可在不同的平地上设置。台下建有羊马城，高低随意建造，常以三五个为标准。

▲ 历史印迹——新疆哈密的南山口烽火台

台高五丈，下阔二丈，上阔一丈。形圆，上建圆屋覆之。

宋代曾公亮等人编撰的《武经总要》中提到的古代烽火制度更为详细，大要分为烽燧的设置、烽火的种类、放烽火的程度、放烽火的方法、烽火报警规律、传警、密号、更番法等九类。

到了明代，随着对长城防御工程的高度重视和火器的大量应用，烽火台的建筑和制式也有了较大改进。明朝曾规定：各处烟墩要增筑高厚，上面能贮藏五个月的粮食、柴薪和药弩等；墩旁开井，井外围墙与墩持平，外望就像一重门；很多烽火台改由砖包砌，更显坚固，台距也缩短。

明代传报军情除放烽、烟之外，还加上放炮，且点火放烟时还加上了硫黄、硝石等助燃。而且还以法令的形式规定："令边候举放烽炮，

▲ 黄昏下的烽火台

若见敌一二人至百余人举放一烽一炮，五百人二烽二炮，千人以上三烽三炮，五千以上四烽四炮，万人以上五烽五炮。”在有的防区还有自订的传报方法，如宣府镇上西路各台夜则悬灯。悬灯的长竿分为三等，竿上悬灯均染成红色，以数量不等作为军情缓急、敌数众寡的区分。在管理上，法令也规定：“合设烟墩，并看守墩夫，务必时加提调整点，须要广积秆草，昼夜轮流看望，遇有警急，昼则举烟，夜则举火，接递通报，毋致损坏，有误军情声息”；“传报得宜克敌者，准奇功。违者处以军法。”

蓟镇总兵戚继光在《练兵纪实》中制定了传烽的方法，编成通俗顺口的《传烽歌》，让守台官兵背诵熟记。经过严格训练，负责传烽的守军能以烽火准确传递军情，而且迅速，一般三个时辰就可传遍整个蓟镇防线。

▲ 明长城烽火台

“烽火戏诸侯”的故事

在我国历史上，有一个为了讨得美人欢心而随意点燃烽火，最终导致亡国的故事。这就是贻笑大方的“周幽王烽火戏诸侯，褒姒一笑失天下”的故事。

周朝是我国历史上很著名的一个朝代，周灭商后建都镐京，历史上称作西周。初期，周王为巩固国家政权，先后把自己的兄弟、亲戚、功臣分封到各地做诸侯，建立诸侯国；还建立了一整套制度，农业、手工业、商业都有了一定的发展。

▲ 周幽王和褒姒

周幽王在位期间，他贪图骄奢，宠爱美色，日夜都在想方设法讨爱妃褒姒的欢心。但褒姒却郁郁寡欢，惜笑如金。为了博得爱妃的一笑，周幽王用尽了各种办法，均未奏效。

▲ 古烽火台遗址断壁残垣

于是他孤注一掷，点燃烽火台，大放烽火。各路诸侯见信后，以为北方犬戎部落大举来攻，率兵马从各地纷至沓来。结果得知是幽王为了看到褒姒的一笑而故弄玄虚，谎报军情，他们含愤悻悻散去。后来周幽王又用同样的办法肆意戏弄诸侯，前几次都有诸侯闻讯率兵前来，但大家还是失望而归。

有一天，犬戎大军真的来攻，惊慌失措的周幽王举烽燧，放狼烟，就是不见各路诸侯援兵来救，原来诸侯们都被他戏弄怕了。周幽王已失人心，西周亡国。而后周平王继位，都城东迁，史称东周。

后来，“烽火戏诸侯”成为人们津津乐道的历史上帝王贪恋美色、昏庸无道的一个反面教材。

2. 举蓬燃薪——古代蓬火制度

在古代，为了保证烽火制度的严格执行，汉代有一整套严密的制度。

20世纪70年代在居延烽燧遗址发掘中获得的汉简《塞上蓬火品约》，把汉代建武初年长城的蓬火制度记录得相当清楚。

当时的“蓬火品约”由都尉府一级的军事机关发布，只对所属候官塞有约束力。品约因发布单位和发布时间的不同而各异，但警戒信

▲ 古代烽火台遗址

号和总的准则却大体相同。警戒信号大致有六种，即：蓬（蓬草）、表（树梢）、鼓、烟、苣火（用苇秆扎成的火炬）、积薪（高架木柴草垛）。白天举蓬，制造狼烟；夜间举火，积薪和鼓昼夜兼用。举烽火以犯塞匈奴千人为界限，凡不满一千人只烤一堆柴火；超过一千人烤两堆柴火；如果一千人以上攻击亭障时，就要放三堆薪火。除了堆积柴火外，还附带有举蓬、举表、举苣火的不同规定；并因敌人犯塞方位不同和白天夜间的不同，又有不同且很具体的规定。如果匈奴人入塞围困亭障，已来不及下亭障点柴火时，白天则举亭上蓬或加一烟，夜间举“离合苣火”。

“离合苣火”是处于“虏守亭障”的紧急情况下的一种特殊信号，就是几把苣火一会儿分离，一会儿又合拢。如果被围逼的亭障不能发出点燃柴火的信号，距离最近的另一座烽燧应按规定照常举蓬燃薪，把信号准确传递出去。《塞上蓬火品约》还规定，如果发现所报的信号有误，则应立即“下蓬

▲ 长城上的狼烟

▲ 高大的长城烽火台在古代能很好地传递消息

灭火”，取消所发的信号，并写成书面报告，迅速传报都尉府。如果天气恶劣，或者亭燧相隔过远，在“昼不见烟，夜不见火”的情况下，应立即将情况写成书面报告，用加急的传递方式报送上级。

有的汉简还记录了某烽燧的守备器物和生活用品。其中有报警物布篷、布表、苣、积薪、鼓，建筑器物椎、瞄准器械“深目”，防御武器弩、枪、羊头石等。并表明当时的烽燧是由候官（候长）管理的。候官统领候史，候史主管燧长，负有保管装备，修葺建筑物、管理“天田”，巡视检查与及时汇报的职责，候官则要向都尉负责。

3. 万里长城今犹在——世界上最大的烽火台

雄伟壮观的万里长城，横穿中国北方的崇山峻岭之巅，总长度7300多千米，始建于春秋战国。它是人类建筑史上罕见的古代军事防御工程。它以悠久的历史、浩大的工程、雄伟的气魄著称于世，被联合国教科文组织列入“世界遗产名录”，被誉为“世界第八大奇迹”。

它东起辽东鸭绿江，西达甘肃嘉峪关，途经辽宁、河北、天津、北京、内蒙古、山西、陕西、宁夏、甘肃9个省、市、自治区，随着不同的

▲ 万里长城烽火台

地形、山势和地貌而筑，大都建在山岭最高处。

其中从鸭绿江到山海关段，由于工程比较简单，毁坏较为严重。山海关到嘉峪关段，工程较为坚固，保存也较完整，两端两个关城东西遥遥对峙。

▲ 长城烽火台内部结构

长城是由烽火台和列城等单体建筑发展起来的。初建的是彼此相望的烽火台，或是连续不断的防御城堡，而后用城墙把它们联系起来，便成了长城。春秋战国时期，北方民族诸侯争霸，相互兼并，出现了秦、楚、齐、燕、韩、赵、魏等几个大国。它们彼此之间为了防御，利用原来的大河堤防或附近的山脉，逐段构筑城墙和关塞并将其联系起来，构成长城这一古代军事防御工程体系。但规模较小，互不连贯。

约公元前 7 世纪，楚国最早修筑长城。其后，从公元前 6 至前 4 世纪前后，齐、燕、赵、秦、魏、韩各国也相继修筑了互防长城。公元前 221 年，秦始皇并灭六国，建立起第一个多民族统一的中央集权制封建国家，为防御匈奴侵扰，大规模修筑长城。以后，西汉、东汉、北魏、北齐、北周、隋、辽、金、明各代，均大规模修筑或增筑长城。明代是长城修筑史上最后一个朝代，修筑规模之宏大，防御组织之完备，所用建筑材料之坚固，都大大超越以前各个朝代。

▲ 绵延曲折的万里长城

为什么说长城是中华民族融合的纽带

长城主要是为防御北方的少数民族而建，是战争的产物。历史上各个朝代向长城沿线广大地区移民、屯田，长城区域的争战本身在客观上都起到了促进民族融合的作用。因此，长城不单单是军事防御工程，长城所在区域更是古代各民族交错杂居，既互相对抗，又互相学习，乃至共同生活的地方，由此产生了广泛的民族融合。因此，从这个意义上可以说长城是民族融合的纽带。

4. 空中信使——飞鸟传书

通信是人们进行社会交往的重要手段，历史悠久，因此在古今中外都产生了很多与之相关的趣闻。我们的祖先在没有发明文字和使用交通工具之前，就已经能够互相通信了。当时人们通信，很可能是采取以物示意的通信方法。我国古代民间有各种通信方式，而飞鸽传书就是其中一种先进的通信方式。

飞鸽传书与鸿雁传书都是古代人们之间相互联系的一种方法，将信件系在鸽子或鸿雁的脚上然后传递给收信的人。

由于古代通信不方便，所以聪明的人利用鸽子会飞且飞行速度快、会辨认方向等诸多优点，驯化了鸽子，用以提高送信的速度。通常来讲，鸟类本身会认回家的路，就像倦鸟归巢一样。古人利用鸟类的这种特性，把所要传递的信息以书信的方式发散出去。所以飞鸽传书既在很大程度上提高了信息交流的速度，又有效及时地获知了信息的内容，在当时可以说是一种先进的通信系统。

▲ 信鸽是古代的邮递员

▲ 信鸽

信鸽传书，也称“黄耳传书”。信鸽在长途飞行中不会迷路，它有可以通过感受磁力与纬度来辨别方向的特异功能。

据说，早在公元前3000年左右，埃及人就开始用鸽子传递书信了。我国也是养鸽古国，养鸽有悠久的历史。隋唐时期，在我国南方如广

▲ 飞翔的信鸽

州等地，已开始用鸽子通信。

信鸽传书确切的开始时间，在我国现在还没有一个明确的说法，但早在唐代，信鸽传书就已经非常普遍了。五代时期王仁裕的《开元天宝遗事》一书中就有“传书鸽”的记载：“张九龄少年时，家养群鸽。每与亲知书信往来，只以书系鸽足上，依所教之处，飞往投之。九龄目为飞奴，时人无不爱讶。”张九龄是唐朝政治家和诗人。他不但用信鸽来传递书信，还给信鸽起了一个美丽的名字——“飞奴”。此后的宋、元、明、清诸朝，信鸽传书一直在人们的通信生活中发挥着重要作用。

▲ 传递信息的鸽子

其实，在我国的历史记载中，信鸽的主要目的还是被用于军事通信。公元1128年，南宋大将张浚视察部下曲端的军队。张浚来到军营后，竟见空荡荡的没有人影，他非常惊奇，要曲端把他的部队召集到眼前。曲端闻言，立即把自己统率的五个军的花名册递给张浚，请他随便点看哪一军。张浚指着花名册说，要看第一军。曲端领命后，不慌不忙地打开笼子放出了一只鸽子。很快，第一军全体将士全副武装，飞速赶到。张浚大为震惊，又说要看曲端的全部军队。曲端又开笼放出四只鸽子。很快，其余的四军也火速赶到。面对整齐地集合在眼前的部队，张浚大喜，对曲端更是一番夸奖。其实，曲端放出的五只鸽子，都是训练有素的信鸽，它们身上早就被绑上了调兵的文书，一旦从笼中放出，立即飞到指点的地点，把调兵的文书送到相应的部队手中。

“鸿雁传书”的典故，出自史书《汉书·苏武传》中“苏武牧羊”的故事。据载，汉武帝时期（公元前 100 年），汉朝使臣中郎将苏武出使匈奴被鞮侯单于扣留，他英勇不屈，单于便将他流放到北海(今贝加尔湖)无人区牧羊。

▲ 将字条绑在信鸽腿上进行通信

19 年后，汉昭帝继位，汉朝和匈奴和好，结为姻亲。汉朝使节来匈奴，要求释放苏武，但单于不肯，便谎称苏武已经死去。后来，汉昭帝又派使节到匈奴，和苏武一起出使匈奴并被扣留的副使常惠，通过禁卒的帮助，在一天晚上秘密会见了汉使，把苏武的情况告诉了汉使，并想出一计，让汉使对单于讲：汉朝天子在上林苑打猎时，射到一只大雁，足上系着一封写在帛上的信，上面写着苏武没死，而是在一个大泽中。汉使听后非常高兴，就按照常惠的话来责备单于。单于听后大为惊奇，却又无法抵赖，只好把苏武放回。

有关“鸿雁传书”，民间还流传着另一个故事。唐朝薛平贵远征在外，妻子王宝钏苦守寒窑数十年矢志不移。有一天，王宝钏正在野外挖野菜，忽然听到空中有鸿雁的叫声，勾起她对丈夫的思念。动情之中，她请求鸿雁代为传书给远征在外的薛平贵，但是荒郊野地哪里去寻笔墨。情急之下，她便撕下罗裙，咬破指尖，用血和泪写下了一封思念夫君、盼望夫妻早日团圆的书信，让鸿雁捎去。

“鸿雁传书”的故事已经流传了千百年，而“鸿雁传书”也渐渐成了邮政通信的象征。

知识链接

我国古代其他通信方式

在远古时候，我国使用击鼓传递信息，最早当在原始社会末期。到西周时候，我国已经有了比较完整的邮驿制度。春秋战国时期，随着政治、经济和文化的进步，邮驿通信逐渐完备起来。

三国时期，曹魏在邮驿史上最大的建树是制定《邮驿令》。隋唐邮传事业发达的标志之一是驿的数量的增多。我国元朝时期，邮驿又有了很大发展。清代邮驿制度改革的最大特点是“邮”和“驿”的合并。清朝中叶以后，随着近代邮政的建立，古老的邮驿制度就逐渐被淘汰了。

文字的嫁衣——鱼传尺素

我国古代民间有种种通信方式。在我国古诗文中，鱼被看作传递书信的使者，并用“鱼素”“鱼书”“鲤鱼”“双鲤”等作为书信的代称。古时

▲ 成群结伴的鱼

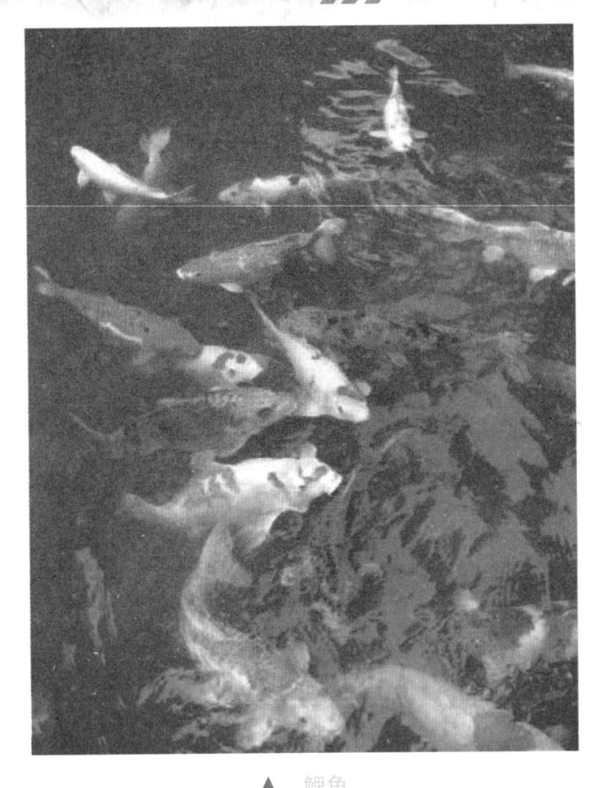

▲ 鲤鱼

写信用绢帛，把信折叠成鲤鱼形。唐朝诗人李商隐《寄令狐郎中》诗：“嵩云秦树久离居，双鲤迢迢一纸书。”古乐府诗《饮马长城窟行》有“客从远方来，遗我双鲤鱼”文字描述。

古时候，人们常用绢帛书写书信，到了唐代，进一步流行用织成界道的绢帛来写信。由于唐人常用一尺长的绢帛写信，故书信又被称为“尺素”（“素”指白色的生绢）。因捎带书信时，人们常将尺素结成双鲤的形状，所以有“鱼传尺素”之说。这里的“双鲤”并非真正的两条鲤鱼，而只是结成双鲤形状的信件。

书信和“鱼”的关系，其实在唐以前早就有了。有一首汉乐府诗《饮马长城窟行》，主要记载了秦始皇修长城，强征大量男丁服役而造成妻离子散，且多为妻子思念丈夫的离情。诗曰：“客从远方来，遗我双鲤鱼，呼儿烹鲤鱼，中有尺素书。长跪读素书，书中竟何如？上言长相思，下言加餐饭。”这首诗中的“双鲤鱼”，也不是真的指两条鲤鱼，而是指用两块板拼起来的一条木刻鲤鱼。在东汉蔡伦发明造纸术之前，没有现在的信封，写有书信的竹简、木牍或尺素是夹在两块木板里的，而这两块木板被刻成了鲤鱼的形状，便成了诗中的“双鲤鱼”了。两块鲤鱼形木板合在一起，用绳子在木板上的三道线槽内捆绕三圈，再穿过一个方孔缚住，在打结的地方用极细的黏土封好。然后在黏土上盖上玺印，就成了“封泥”，这样可以防止在送信途中信件被别人私拆。

知识链接

汉朝发明家蔡伦

蔡伦（61~121），字敬仲，东汉桂阳郡（今湖南耒阳）人。东汉汉和帝时，蔡伦入宫做皇帝的侍从，后来升任“尚方令”，负责管理皇室工厂。105年，蔡伦在总结前人制造丝织物的经验基础上，发明了用树皮、破渔网、破布、麻头等作原料，制造适于书写的植物纤维纸，使纸成为普遍使用的书写材料。这就是我国古代科学技术的“四大发明”之一——造纸术。至此，纸本书籍成为传播文化的最有力工具。

造纸术的发明，是中华民族对世界文明作出的一项十分宝贵的贡献，大大促进了世界科学文化的传播和交流，深刻地影响了世界历史的进程。

绿衣使者——鹦鹉告密

唐玄宗时期，首都长安有一富翁杨崇义，家中养了一只绿色鹦鹉。杨妻刘氏与李某私通，合谋将杨杀害。官府派人至杨家查看现场时，挂在厅堂的鹦鹉忽然口作人语，连叫“冤枉”。官员感到奇怪，问道：“你知道是谁杀害杨崇义？”鹦鹉答：“杀害家主的是刘氏和李某。”此案上报朝廷后，唐玄宗特封这只鹦鹉为“绿衣使者”。

▲ 鹦鹉

不老传说——青鸟传书

据我国上古奇书《山海经》记载，青鸟共有三只，其中的两只名叫诏兰和紫燕，是西王母的随从与使者。它们能够飞越千山万水传递信息，将吉祥、幸福、快乐的佳音传递到人间。据说，西王母曾经给汉武帝写过书信，西王母派青鸟前去传书，而青鸟则一直把西王母的信送到了汉宫承华殿前。在以后的神话中，青鸟又逐渐演变成为百鸟之王——凤凰。

南唐中主李璟有诗："青鸟不传云外信，丁香空结雨中愁。"唐代李白有诗："愿因三青鸟，更报长相思。"李商隐有诗："蓬山此去无多路，青鸟殷勤为探看。"崔国辅有诗："遥思汉武帝，青鸟几时过。"他们借用的都是"青鸟传书"的生动典故。

5."风信子"传奇——风筝通信

在现代，风筝已成为一种娱乐用品。然而在遥远的古代，风筝曾作为一种应急的通信工具，发挥过重要的作用。

传说早在春秋末期，鲁国巧匠公输般（即鲁班）就曾仿照鸟的造型"削竹木以为鹊，成而飞之，三日不下"。这种以竹木为材制成的会飞的"木鹊"，就是风筝的前身。到了东汉，蔡伦发明了造纸术，人们又用竹篾做架，再用纸糊之，便成了"纸鸢"。五代时人们在做纸鸢时，在上面拴一个竹哨，风吹竹哨，声如筝鸣，"风筝"由此得名而来。

▲ 风筝

最初的风筝是为了军事上的需要而制作的，它的主要用途是用作军事侦察，或是用来传递信息和军事情报。到了唐代以后，风筝才逐渐成为一种娱乐的玩具，并在民间流传开来。

军事上利用风筝的例子，史书上多有记载。汉初楚汉相争时，刘邦围

困项羽于垓下，韩信向汉王刘邦建议用绢帛竹木制作大型风筝，在上面装上竹哨，于晚间放到楚营上空，发出呜呜的声响；同时汉军在地面上高唱楚歌，引发楚军的思乡之情，从而瓦解了楚军的士气，打败了项羽，赢得了楚汉战争的胜利。这就是历史上有名的“四面楚歌”典故。

6. 漂流“瓶”的故事——竹筒传书

历史总有着惊人的巧合，人们在创造历史的同时，也用自己的智慧书写了一次又一次的亘古传奇。今天的放逐“漂流瓶”活动就是源于古代偶尔的一次“竹筒传书”。

隋文帝开皇十年（590 年）11 月，南方各地纷纷发生叛乱。为了平定叛乱，稳定江山，隋文帝紧急下诏，任命杨素为行军总管，率军

▲ 漂流瓶

▲ 竹子

前去讨伐。

杨素率领水军渡江进入江南，接连打了好几个胜仗，收复了京口、无锡等地，士气非常旺盛。杨素一鼓作气，率领主力部队追踪叛军，一直追到了海边。面对绵延的山脉和茫茫的大海，杨素一面命令大部队就地驻扎，一面指派行军总管史万岁率领军队两千人，翻山越岭穿插到叛军的背后发动进攻。

史万岁率部猛进，转战于山林溪流之间，前后打了许多胜仗，收复了大片失地。当他想把胜利的战况向上级汇报时，却因交通的阻绝和信息的不畅而无法与大部队取得联系。一日，他站在山顶临风而望，看到前面茂密的竹林呈波浪状随风而舞，忽有所悟，立即派人截了一节竹子，把写好的战事报告装了进去，封好后放入水中，任其漂流而下。几天后，一个挑水的乡人看到这个竹筒，捞起来打开一看，发现了史万岁封在里面的报告，便按报告上的提示将它送到杨素手中。史万岁一去无音讯，不知生死，为此杨素正焦急不安，忽见乡人送来报告，大喜过望，立即把史万岁部队接连取得胜利的战况向朝廷作了报告。隋文帝听到喜报，龙颜大悦，立即提拔史万岁为左领军将军。杨素率领大部队，继续乘胜追击反隋散兵，没用多久，就彻底平定了叛乱。

史万岁在万般无奈之际，因看到竹林风舞而悟出的竹筒传书的办法，不但使自己的部队与上级取得了联系，传送出了战报，赢得了战事的最后胜利，还在不经意间给后人树立了一个水上通邮的榜样。

竹筒传书从此被织就了文学的嫁衣。唐代大诗人李白、贯休和文学家元稹在与朋友的通信之中，就多次使用这种竹筒水上通邮的方式，充满了文人墨客的诗情画意。李白在诗中写下了“桃竹书筒绮秀文”的佳句，贯休也留下了“尺书裁罢寄邮筒”的诗句；宋代诗人赵蕃的诗中也有“但恐衡阳无过雁，书筒不至费人思”的句子。这些诗句里提到的

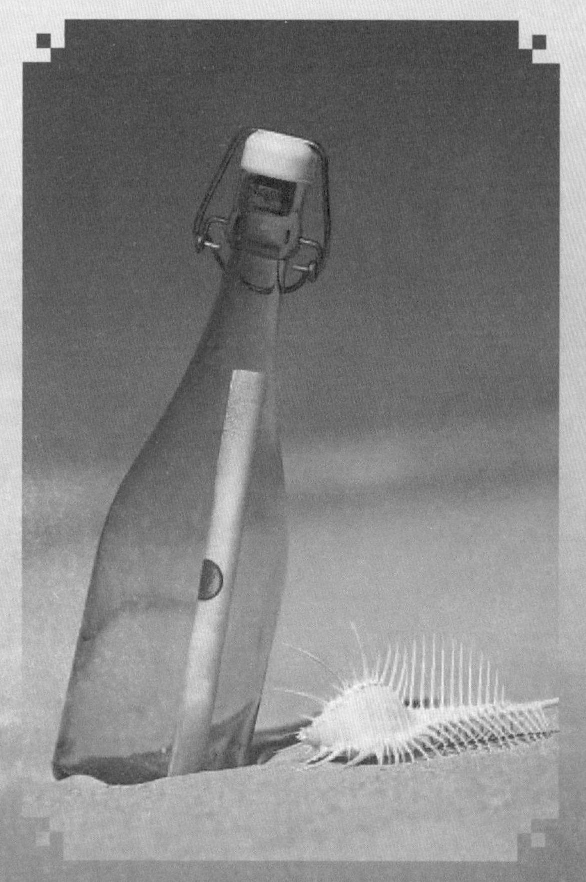

▲ 漂流瓶传递信息

书筒、邮筒，实际上就是指装有书信的竹筒，寄托着诗人真挚的感情和无限的思念。慢慢地，通过诗人们不断演绎，书筒、邮筒的内涵不断深化，最后成了书信的代称。

无独有偶，别有趣味的是，时至今日，在非洲尼日利亚的贝喀萨地区，人们还在让猴子携带竹筒来帮自己送信。贝喀萨人故意把母猴和子猴分别关在不同的地方，并常常将子猴放出去寻找母猴，使其逐渐养成习惯。这样，子猴地区的人如果要同母猴所在地的人通信，只要把信件装在一个小竹筒内，再把竹筒绑在子猴的身上，然后放它去见母猴就可以了，这种邮寄方式确实很别致。虽用竹筒装信，不是水上通邮的方法，还需要母猴与子猴才能共同完成，但在信息阻塞的偏僻山区，却是十分有效的。

▲ 传递信息的漂流瓶

文明火种——国外古代通信

1. 夜幕下的“启明星”——灯塔通信

灯塔通信起源于古埃及的信号烽火。世界上最早的灯塔建于公元前 7 世纪，位于达达尼尔海峡的巴巴角上，像一座巨大的钟楼矗立着。那时人们在灯塔里燃烧木柴，利用它的火光指引航向。

▲ 灯塔

公元前 280 年，古埃及人奉国王托勒密二世菲莱戴尔夫之命在埃及亚历山大城对面的法罗斯岛上修筑灯塔，高达 85 米，日夜燃烧木材，以火焰和烟柱作为助航的标志。法罗斯灯塔被誉为古代世界七大奇观之一，1302 年毁于地震。9 世纪初，法国在吉伦特河口外科杜昂礁上建立灯塔，至今已两次重建，现存的建于 1611 年。

在古老的灯塔中，意大利的莱戈恩灯塔至今仍在使用，这座灯塔始建于 1304 年，用石头砌成，高 50 米。美国第一座灯塔是建于 1716 年的波士顿灯塔，此后，1823 年建成透镜灯塔，1858 年建成电力灯塔，1885 年首次用沉箱法在软地基上建造灯塔，1906 年建成第一座气体闪光灯塔。1850 年，全世界仅有灯塔 1570 座，1900 年增到 9400 座。到 1984 年初，包括其他发光航标在内，灯塔总数已超过 55000 座。

▲ 暮色下的海洋塔灯

2. 天地“对话”——通信塔

通信塔是架起天地之间信息的桥梁。它是接收和发射无线电和光波的重要通信器材，在现实生活中应用非常普遍。不管是高山还是峡谷，无论是草原还是平原，通信塔鹤立鸡群的身影无处不在。

▲ 雄伟的通信塔

18 世纪，法国工程师克劳德·查佩成功地研制出一个加快信息传递速度的实用通信系统。这个系统由建立在巴黎和里尔 230 千米间的若干个通信塔组成，在这些塔顶上竖起一根木柱，木柱上安装一根水平横杆，人们可以使木杆转动，并能在绳索的操作下摆动形成各种角度，在水平横杆的两端安有两个垂直臂，也可以转动。这样每个塔通过木杆可以构成 192 种不同的构形，附近的塔用望远镜就可以看到表示 192 种含义的信息。这样依次传下去，在 230 千米的距离内仅用 2 分钟便可完成一次信息传递。

3. 无声语言——信号旗通信

船上使用信号旗通信至今已有400多年的历史了。旗号通信的优点是十分简便，因此，即使当今现代通信技术相当发达，这种简易的通信方式仍被保留下来，成为近程通信的一种重要方式。

在进行旗号通信时，可以把信号旗单独或组合起来使用，表示不同的意义。通常悬挂单面旗表示最紧急、最重要或最常用的内容。例如，悬挂A字母旗，表示“我船下面有潜水员，请慢速远离我船”；悬挂O字母旗，表示“有人落水”；悬挂W字母旗，表示“我船需要医疗援助”等。

▲ 沉默的诉说——信号旗通信

4. 由旗到语的演变——旗语

信号旗从当初单纯的信号标志，经过风风雨雨上百年的丰富和发展，已然成为一种具有国际标准、成熟的无声信息语言——旗语。

旗语是世界各国海军通用的语言。不同的旗子、不同的旗组表达着不同的意思。但对于专业人员来说，这却是一种公开的秘密。

在 15~16 世纪的 200 年间，舰队司令靠发炮或扬帆作训令，指挥属下的舰只。1777 年，英国的美洲舰队司令豪上将印了一本信号手册，成为第一个编写信号书的人。后来海军上将波帕姆爵士用一些旗子作“速记”字母，创立了一套完整的旗语字母。1805 年，纳尔逊勋爵指挥特拉法加之役时，在阵亡前发出的最后信号是波帕姆旗语第 16 号：“驶近敌人，近距离作战。”

1817 年，英国海军马利埃特上校编出第一本国际承认的信号码。舫海信号旗共有 40 面，包括 26 面字母旗、10 面数字旗、3 面代用旗和 1 面回答旗。旗的形状各异，有燕尾形、长方形、梯形、三角形等。旗的颜色和图案也各不相同。

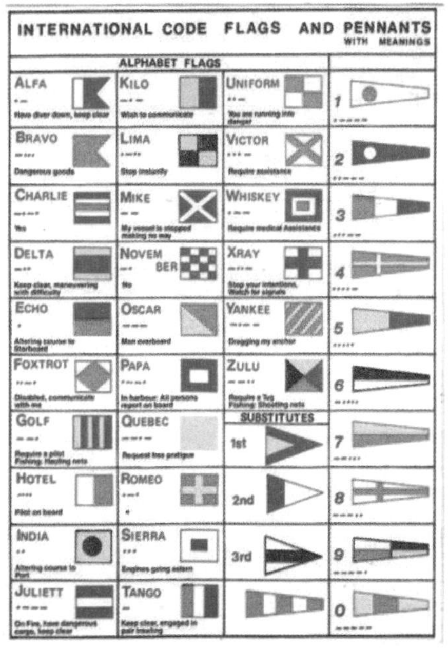

▲ 国际通用的信号旗

“信号旗”特种部队

俄罗斯有两把打击恐怖主义活动的“尖兵利剑”，一个是闻名遐迩的“阿尔法”特种部队，另一个就是联邦安全局下属的“信号旗”特种支队。它们最大的区别是前者主要在国内从事反恐活动，后者则在国外专门进行反颠覆和警戒俄罗斯驻外目标。由于对“阿尔法”近年来多有披露，它的行动也受到众人关注，因而许多人对它耳熟能详。但对“信号旗”特种支队却少有所闻，原因是自组建之日起，它就是一支神秘的超级特种部队，很少公开露面，加之大多在俄罗斯境外行动，所以“信号旗”支队始终披着一层神秘的面纱。

在当时，随着国际斗争形势的发展，前苏联领导人决定正式建立一支专门用于境外的特种部队。1981 年 8 月 19 日，前苏联部长会议和前苏共中央政治局举行秘密会议，商讨在克格勃系统内秘密组建一支“绝密支队”，专门用于在境外从事秘密特工活动。新的特种部队取名为“信号旗”，由海军少将埃瓦尔德·科兹洛夫负责指挥。在组织编制上，“信号旗”列入克格勃境外秘密谍报局。

第二章

时代脉搏——科技通信

第一节 “英雄迟暮”——载波通信

载波是可调频中的高频波，它将信息调制在高频振荡波或脉冲波上，并通过各种不同媒介传送到远方。由于高频波或脉冲波上载有信息，所以叫作载波。载波通信是基于频分复用技术的电话多路通信体制，它属于经典模拟通信的制式。载波通信是在一对线或两对线（四线制）上同时传输多路电话的通信方式，它可分为频分多路的模拟载波通信和时分多路的数字载波通信。

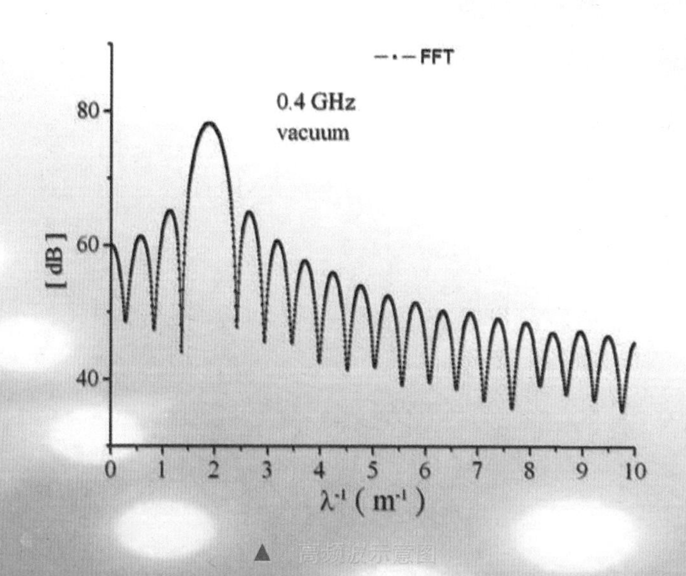

▲ 高频波示意图

按照国际通用标准，多路载波通信 1 个通路的有效传输频带为 300~3400 赫（赫兹），称为 1 个话路。每个话路通道能容纳 16~24 路报路。从广义上说，载波通信还包括时分制载波通信、频分制载波通信，它是利用脉冲编码原理来实现多路通信的。时分制的通信质量比频分制的高，但后者较前者技术简单，比较经济。

载波通信能大大提高架空明线、对称电缆和同轴电缆通信线路的利用率。

载波通信已有半个世纪的历史，到 20 世纪 80 年代技术上更臻成熟。频分制载波通信的话路容量，国际水平达 13200 路，最高频率为 65 兆赫（兆赫兹）。时分制载波通信的话路容量，20 世纪 70 年代末达 5760 路；80 年代有的国家研制成千兆比特 / 秒（Gb/s）脉码调制通信设备，容量为 17280 路。

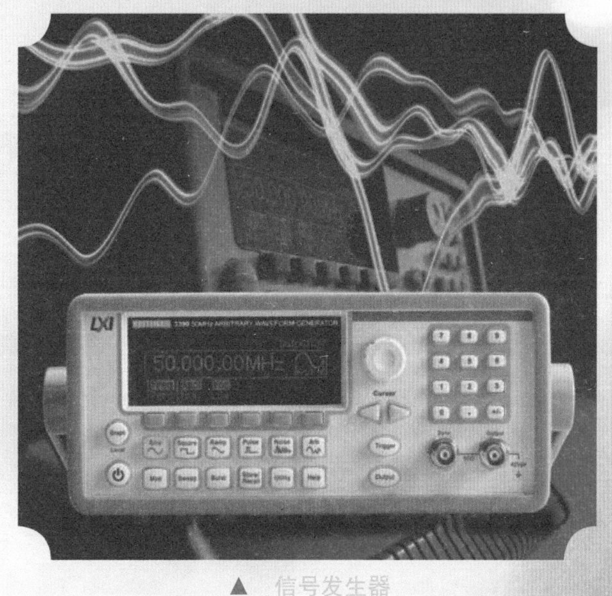

▲ 信号发生器

载波通信是长途通信网中采用的重要手段。在我国新闻通信中，新华社是采取租用邮电部国内有线载波通信专线的方式，进行电话、图片传真和文字传真以及 1200 比特 / 秒（b/s）

速率计算机中文数据通信。

载波通信的发展趋势，在信号方面是采用数字通信，在载体方面是采用光纤通信。在实际工作环境中，一路电话所用的电信号频谱被限制在300~3400赫的范围；考虑到保护性的频率间隔，一路电话所占的频带宽度为4千赫。因此，根据实用信道的不同频带宽度，就可以在一个信道的频带宽度内复用不同路数的电话信号。

从总体上说，通信技术正在大踏步地走向数字化。数字光纤通信、数字卫星通信和数字微波通信系统占有越来越大的比重，模拟的载波

▲ 声波图

通信系统日益收缩。但在一定时期内，载波通信在支线和农村地区仍然会继续发挥作用。

第二节 信息快车——光纤通信

人类很早以前就认识到光可以传递信息。两千多年前，我国就有了光传递远距离信息的设施——烽火台，后来又有了利用灯光闪烁传递信息的方法。1880 年发明家贝尔利用太阳光作光源，有色晶体作为光接收器件，成功进行了光电话实验，通话距离最远达到了 213 米。美中不足的是用大气作为传输介质，损耗大，而且无法避免外界干扰，光信号最多能传递几百米远。人们又不得不寻求可以在封闭状态下传递光信号的办法，例如利用波导管、棱镜、透镜折射等来传递光。

1966 年英国标准电信研究所的英裔华人高锟和英国人霍克哈姆大胆预言：只要能通过设计降低玻璃纤维的杂质，就有可能使光纤损耗从每千米 1000 分贝

▲ 载波频率更宽的光纤

▲ 光纤线缆

降低到20分贝，从而应用于通信领域。

2000年末，光纤通信已成为世界上发展最快的领域之一，同时光纤通信对于互联网及相关软硬件产品的未来发展具有不寻常的意义。这也是我国与国际先进水平差距最小的领域之一。

光纤通信技术从光通信中脱颖而出，已成为现代通信的主要支柱之一，在现代电信网中起着举足轻重的作用。光纤通信作为一门新兴技术，近年来发展速度之快、应用面之广是通信史上罕见的，也是世界新技术革命的重要标志和未来信息社会中各种信息的主要传送工具。

光纤是光导纤维的简称，是指一种利用光与光纤传递资讯的方式，它属于有线通信的一种。光纤通信是利用光波在光导纤维中传输信息的通信方式。由于激光具有高方向性、高相干性、高单色性等显著优点，光纤通信中的光波主要是激光，所以又叫作激光—光纤通信。

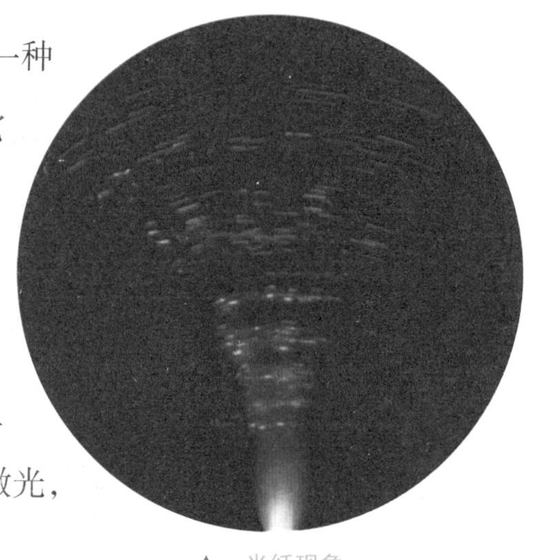

▲ 光纤现象

光纤通信具有许多优点，现在它已经成为当今最主要的有线通信方式。

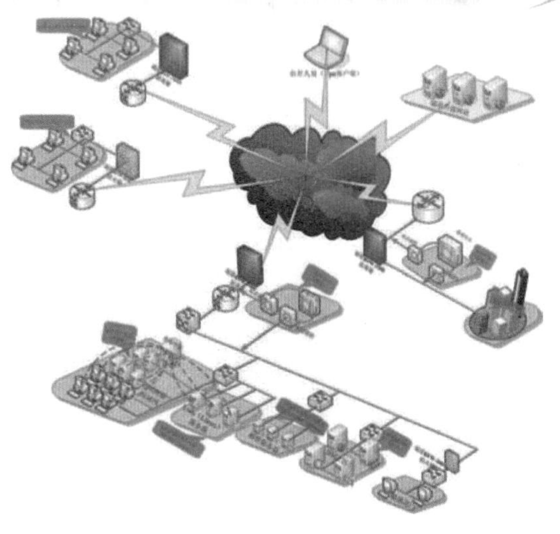

▲ 光纤通信系统

光纤通信是以光波作为信息载体，以光纤作为传输媒介的一种通信方式。从原理上看，构成光纤通信的基本物质要素是光纤、光源和光检测器。光纤除了按制造工艺、材料组成以及光学特性进行分类外，在应用中，光纤常按用途进行分类，可分为通信用光纤和传感用光纤。传输介质光纤又分为通用与专用两种，而功能器件光纤则指用于完成光波的放大、整形、分频、倍频、调制以及光振荡等功能的光纤，并常以某种功能器件的形式出现。光纤通信之所以发展迅猛，主要缘于它具有以下特点：

（1）通信容量大、传输距离远。一根光纤的潜在带宽可达 20 太赫兹。采用这样的带宽，只需一秒钟左右，即可将人类古今中外全部文字资料传送完毕。光纤的损耗极低，比目前任何传输媒质的损耗都低。因此，无中继传输距离可达几十甚至上百千米。

（2）信号串扰小、保密性能好。

（3）抗电磁干扰、传输质量佳。电通信不能解决各种电磁干扰问题，唯有光纤通信不受各种电磁干扰。

（4）光纤尺寸小、质量轻，便于敷设和运输。

（5）材料来源丰富，环境保护好，有利于节约有色金属铜。

（6）无辐射，难于窃听。因为光纤传输的光波不能跑出光纤以外。

（7）光缆适应性强，寿命长。

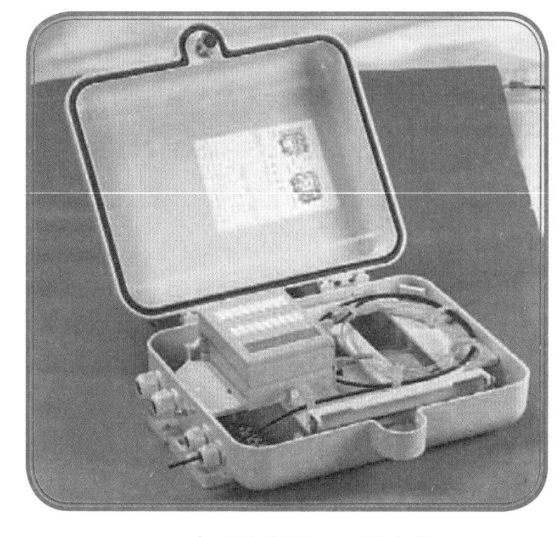

▲ 卡式收发器——路由器

在实际应用中，光纤通信将需传送的信息在发送端输入到发送机中，将信息叠加或调制到作为信息信号载体的载波上，然后将已调制的载波通过传输媒质传送到远处的接收端，由接收机解调出原来的信息。

光纤常被电话公司用于传递电话、因特网，或是有线电视的信号，有时候利用一条光纤就可以同时传递上述的所有信号，与传统的铜线

相比，光纤的信号衰减与遭受干扰的情形都改善很多。特别是长距离以及大量传输的使用场合中，光纤的优势更为明显。

▲ 光纤通信产品

然而，在城市之间利用光纤的通信基础建设通常施工难度大而且材料成本难以控制，完工后的系统维运复杂度与成本也居高不下。因此，早期光纤通信系统多半应用在长途的通信需求中，这样才能让光纤的优势彻底发挥，并且抑制住不断增加的成本。

对于光纤通信产业而言，1990 年光放大器正式进入商业市场，应用后，很多超长距离的光纤通信才得以真正实现，例如越洋的海底电缆。到了 2002 年时，越洋海底电缆的总长已经超过 25 万千米，每秒能携带的信息量也非常大。

光经过调变后便能携带资讯。自 20 世纪 80 年代起，光纤通信系统对于电信工业产生了革命性的作用，同时也在后来的数字时代扮演着非常重要的角色。

▲ 光纤通信设备

▲ 光纤通信设备光端盒

光经过发射器产生光形式的信息信号，然后信息通过光纤层层传递，同时光讯号在光纤流量中要保持不会减弱或严重变形，最后用特殊接收器接受传输过来的光信号。根据信号的调制方式不同，光纤通信可以分为数字光纤通信和模拟光纤通信。光纤通信产业包括了光纤光缆、光器件、光设备、光通信仪表、光通信集成电路等多个领域。

1. 一应俱全——光纤通信的组成

现代的光纤通信系统通常包括一个发射器，将电信号转换成光信号，再通过光纤将光信号传递。光纤通常埋在地下，连接不同的建筑物。系统中还包括数种光放大器，以及一个光接收器将光信号转换回电信号。在光纤通信系统中传递的通常是数位信号，来源包括电脑、电话系统，或是有线电视系统。

基本元件——发射器

在光纤通信系统中通常作为光源的半导体元件是发光二极管或是

镭射二极管。使用半导体作为光源的好处是体积小、发光效率高、可靠度佳，并可以将波长最佳化。更重要的是半导体光源可以在高频操作下直接调变，非常适合光纤通信系统的需求。

▲ 信号发射器

发光二极管借助电激发光的原理发出非同调性的光，频谱通常分散在 30~60 纳米间。它的成本比较低廉，常用于光纤通信中。一般光纤通信的发光二极管的主要材料是砷化镓或是砷化镓磷，后者的发光波长为 1300 纳米左右，比砷化镓的 810 纳米至 870 纳米更适合光纤通信。

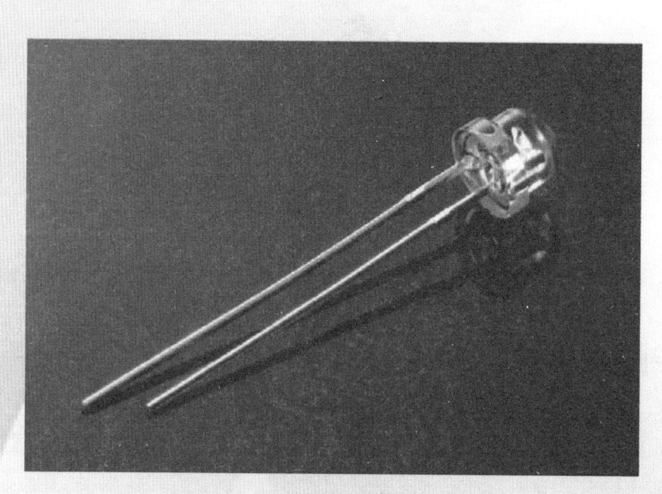

▲ 镭射二极管

通常发光二极管用在传输速率 10 兆字节 / 秒至 100 兆字节 / 秒的局域网路，传输距离也在数千米之内。目前也有发光二极管内包含了数个量子井的结构，使得

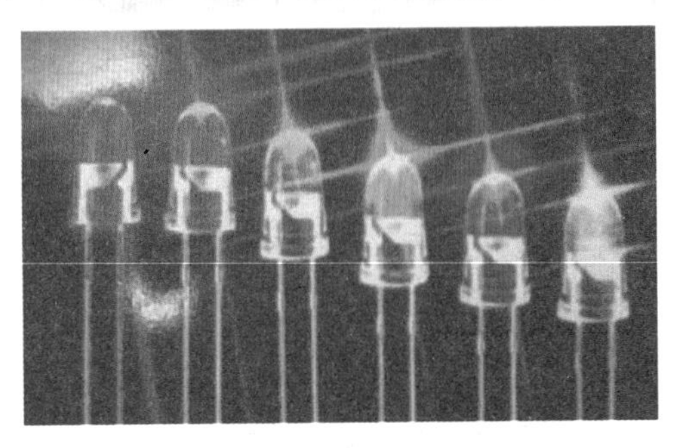

▲ 发光二极管

▲ 二极管控制器

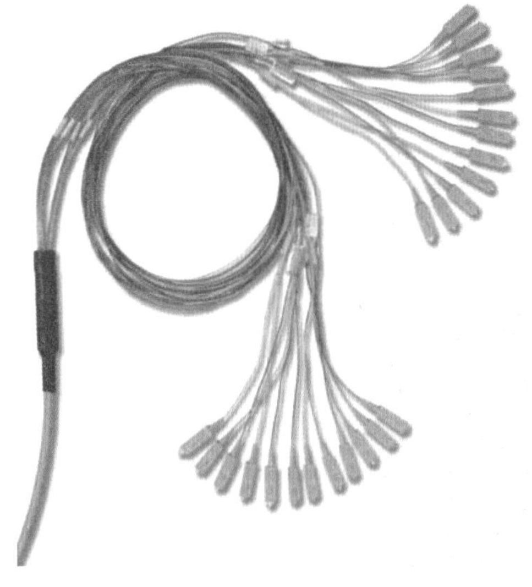

▲ 光纤缆线

发光二极管可以发出不同波长的光，涵盖较宽的频谱。这种发光二极管被广泛应用在区域性的波长分波多工的网络中。

半导体激光的输出功率通常在100微瓦特左右，而且为同调性质的光源，方向性相对而言较强，通常和单模光纤的耦合效率可达50%。半导体激光可由输入的电流核直接调变它的开关状态和输出信号，不过对于某些传输速率非常高或是传输距离很长的应用，激光光源可能会以连续波的形式控制。

核心材料——光导纤维

光纤缆线包含一个核心、纤壳以及外层的保护被覆。核心与折射率较高的纤壳通常用高品质的硅石玻璃制成，但是现在也有使用塑胶作为材质的光纤。又因为光纤的外层有经过紫外线固化后的亚克力被覆，可以如铜缆一样埋藏于地下，不需要太多维护费用。然而，如果光纤被弯折得太过剧烈，仍然有折断的危险。而且因为光纤两端连接需要十分精密的校准，所以折断的光纤也难以重新接合。

主要部件——光放大器

在以前，光纤通信的距离限制主要根源于信号在光纤内的衰减以及信号变形，而解决的方式是利用光电转换的中继器。这种中继器先将光信号转回电信号放大后再转换成较强的光信号传往下一个中继器。然而这样的系统架构无疑较为复杂，不适用于新一代的波长分波多工技术。同时，每隔 20 千米就需要一个中继器，让整个系统的成本也难以降低。

光放大器的目的即是在不用作光电与电光转换下就直接放大光信号。光放大器的原理是在一段光纤内掺杂稀土族元素如铒，再以短波长激光激发之。如此便能放大光信号，取代中继器。

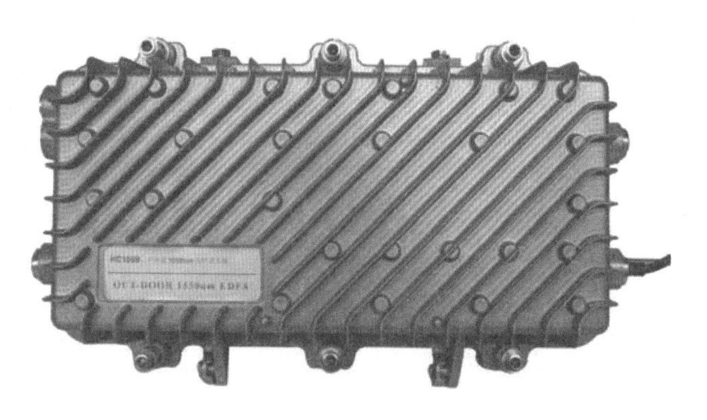

▲ 光纤放大器

“末梢神经”——接收器

构成光接收器的主要元件是光侦测器，利用光电效应将入射的光信号转为电信号。光侦测器通常是半导体为基础的光二极管，被应用在光再生器或是波长分波多工器中。

▲ 信号接收器

光接收器电路通常使用转阻放大器以及限幅放大器处理由光侦测器转换出的光电流，转阻放大器和限幅放大器可以将光电流转换成振幅较小的电压信号，再通过后端的比较器电路转换成数位信号。对于高速光纤通信系统而言，信号常常相对地衰减较为严重。为了避免接收器电路输出的数位信号变形超出规格，通常在接收器电路的后级也会加上时脉恢复电路以及锁相回路将信号做适度处理再输出。

知识链接

什么是波长分波多工

波长分波多工实际上就是将光纤的工作波长分割成多个通道，使在同一条光纤内能传输更大量的资料。一个完整的波长分波多工系统分为发射端的波长分波多工器以及在接收端的波长分波解多工器，最常用于波长分波多工系统的元件是阵列波导光栅。而目前已经有商用的波长分波多工器/解多工器，最多可将光纤通信系统划分成80个通道，也使得资料传输的速率一下子就突破千字节/秒的等级。

带宽距离乘积是怎么回事

由于传输距离越远，光纤内的色散现象就越严重，影响信号品质。因此常用于评估光纤通信系统的一项指标就是带宽—距离乘积，单位是百万赫兹 × 千米。使用这两个值的乘积作为指标的原因是通常这两个值不会同时变好，而必须有所取舍。举例而言，一个常见的多模光纤系统的带宽—距离乘积约是500兆赫兹·千米，代表这个系统在1千米内的信号带宽可以到500兆赫兹。而如果距离缩短至0.5千米时，带宽则可以倍增到1000兆赫兹。

2. 瑕不掩瑜——光纤通信的缺陷

“金无足赤，人无完人。”光纤通信有诸多的特性和优点，是目前最先进的通信手段之一，然而它也有一些不尽如人意的缺陷，有待于研究人员进一步去改进。

就目前而言，光纤通信主要有四个方面需要改进：

（1）信号色散

▲ 光的色散

对于现代的玻璃光纤而言，最严重的问题并非信号的衰减，而是色散问题，也就是信号在光纤内传输一段距离后逐渐扩散重叠，使得接收端难以判别信号的高或低。造成光纤内色散的成因很多。以模态色散为例，信号的横模轴速度不一致导致色散，这也限制了多模光纤的应用。在单模光纤中，模态间的色散可以被压抑得很低。

但是在单模光纤中一样有色散问题，通常称为群速色散，起因是对不同波长的入射光波而言，玻璃的折射率略有不同，而光源所发射

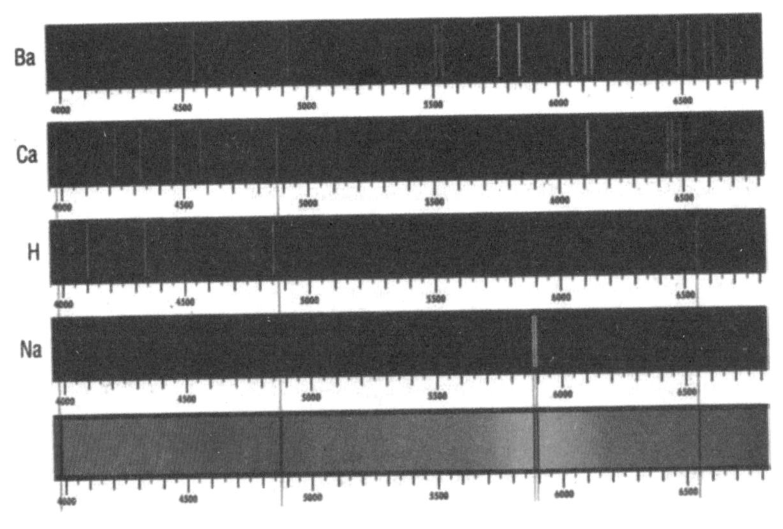

▲ 几种物体的色散表现对照示意图

的光波不可能没有频谱的分布，这也造成了光波在光纤内部会因为波长的些微差异而有不同的折射行为。另外一种在单模光纤中常见的色散称为极化模态色散，起因是单模光纤内虽然一次只能容纳一个横模的光波，但是这个横模的光波却可以有两个方向的极化，而光纤内的任何结构缺陷与变形都可能让这两个极化方向的光波产生不一样的传递速度，这又称为光纤的双折射现象。这个现象可以通过极化恒持光纤加以抑制。

（2）信号衰减

信号在光纤内衰减也造成光放大器成为光纤通信系统所必需的元件。光波在光纤内衰减的主因有物质吸收、瑞利散射、米氏散射以及连接器造成的损失。其他造成信号衰减的原因还包括应力对光纤造成的变形、光纤密度的微小扰动，或是接合的技术仍有待加强。

（3）讯号再生

现代的光纤通信系统因为引进了很多新技术降低信号衰减的程度，因此信号再生只需要用于距离数百千米远的通信系统中。这使得光纤通信系统的建置费用与维运成本大幅降低，特别对于越洋的海底光纤而言，中继器的

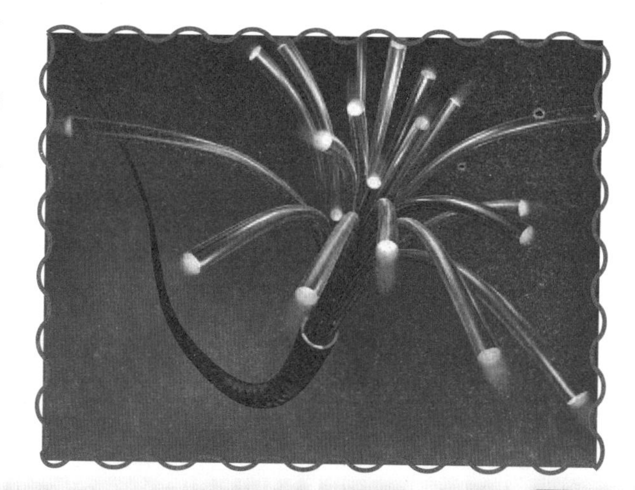

稳定度往往是维护成本居高不下的主因。这些突破对于控制系统的色散也有很大的助益，足以降低色散造成的非线性现象。此外，光固子也是另外一项可以大幅降低长距离通信系统中色散的关键技术。

（4）“最后一哩”光纤网络

虽然光纤网络享有高容量的优势，但是在达成普及化的目标，也就是“光纤到家”以及“最后一哩”的网络布建上仍然有很多困难待克服。然而，随着网络带宽的需求日增，已经有越来越多的国家逐渐达到这个目的。以日本为例，光纤网络系统已经开始取代使用铜线的数位用户回路系统。

知识链接

光纤的历史足迹

1880 年，贝尔发明光束通话传输。

1960 年，电射及光纤发明。

1966 年，华裔科学家“光纤之父”高锟预言光纤将用于通信。

1970 年，美国康宁公司成功研制成传输损耗只有 20dm/km 的光纤。

1977 年，首次实际安装电话光纤网路。

1978 年，FORT 在法国首次安装其生产的光纤电缆。

1979年，赵梓森研制出我国自主研发的第一根实用光纤，被誉为“中国光纤之父”。

1990年，区域网路及其他短距离传输应用到光纤。

2000年，实现年屋边光纤、桌边光纤。

2005年，FTTH光纤直接通到家庭。

第三节 太空天线——卫星通信

简单地说，卫星通信就是地球上（包括地面和低层大气中）的无线电通信站间利用卫星作为中继而进行的通信。卫星通信系统由卫星和地球站两部分组成。

卫星通信的特点是：通信范围大；只要在卫星发射的电波所覆盖的范围内，任何两点之间都可进行通信；不易受陆地灾害的影响，可靠性高；只要设置地球站电路即可开通；同时可在多处接收，能经济地实现广播、多址通信；电路设置非常灵活，可随时分散过于集中的话务量；同一信道可

通信卫星 ▶

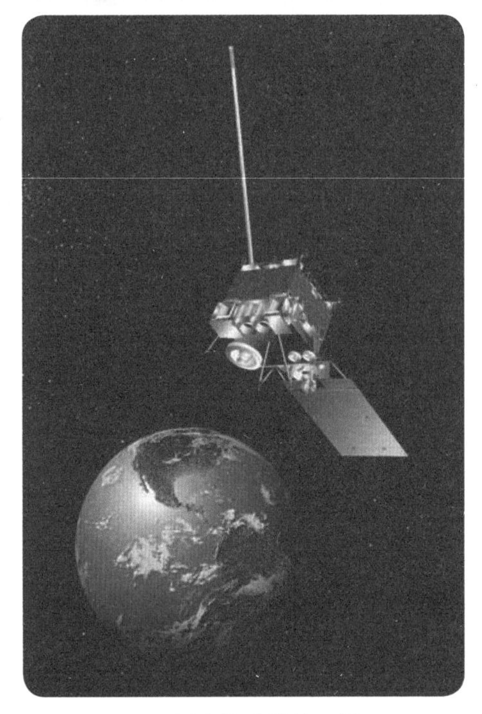

▲ 同步轨道通信卫星

用于不同方向或不同区间（多址连接）。

卫星在空中起中继站的作用，它把地球站发上来的电磁波放大后再反送回另一地球站。地球站则是卫星系统形成的链路。由于静止卫星在赤道上空36000千米，它绕地球一周的时间恰好与地球自转一周(23小时56分4秒)一致，从地面看上去如同静止不动一样。三颗相距120°的卫星就能覆盖整个赤道圆周。故卫星通信易于实现越洋和洲际通信。最适合卫星通信的频率是1~10G赫兹频段，即微波频段。为了满足越来越多的需求，已开始研究应用新的频段，如12G赫兹、14G赫兹、20G赫兹及30G赫兹。

在微波频带，整个通信卫星的工作频带约有500兆赫宽度，为了便于放大和发射及减少变调干扰，一般在卫星上设置若干个转发器，每个转发器的工作频带宽度为36兆赫。

▲ 太空舱的导航和控制离不开通信

目前的卫星通信多采用频分多址

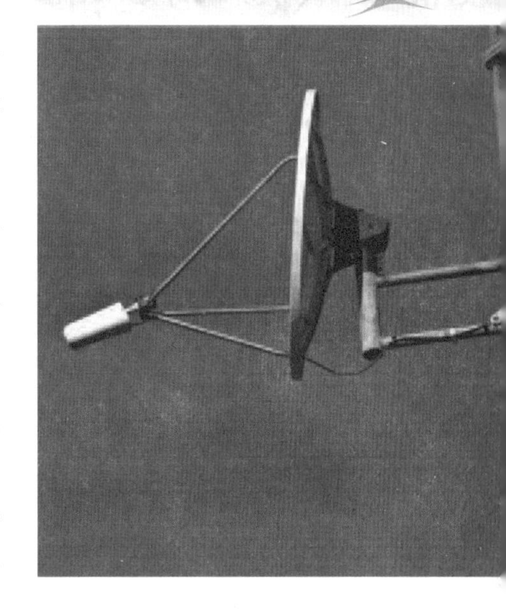

技术，不同的地球站占用不同的频率，也就是采用不同的载波，它对于点对点大容量的通信比较合适。近年来，已逐渐采用时分多址技术，即每一地球站占用同一频带，但占用不同的时隙。这种方法比频分多址有更多优点，如不会产生互调干扰，不需用上下变频把各地球站信号分开。它比较适合数字通信。这样做既可以根据业务量的变化按需分配，又可采用数字话音插空等新技术，使容量增加5倍。

另一种多址技术是码分多址。也就是说，在不同地球站占用同一频率和同一时间，但有不同的随机码来区分不同的地址。它采用了扩展频谱通信技术，具有抗干扰能力强，有较好的保密通信能力，可灵活调度话路等优点。不过它的缺点是频谱利用率较低，比较适合于容量小、分布广、有一定保密要求的系统使用。

▲ 通信卫星信息接收站

近年来卫星通信新技术的发展层出不穷。例如甚小口径天线地球站系统，中低轨道的移动卫星通信系统等都受到了人们广泛的关注和应用。卫星通信也是未来全球信息高速公路的重要组成部分。它以其覆盖广、通信容量大、通信距离远、不受地理环境限制、质量优、经济效益高等优点，1972年在我国首次应用，并迅速发展，与光纤通信、数字微波通信一起，已经成为我国当代远距离通信的支柱。

第四节 永不消失的电波——无线电通信

无线电通信是利用无线电波传输信息的通信方式，它能传输声音、文字、数据和图像等。与有线电通信相比，不需要架设传输线路，不受通信距离限制，机动性好，建立迅速。它广泛用于地面、航空、

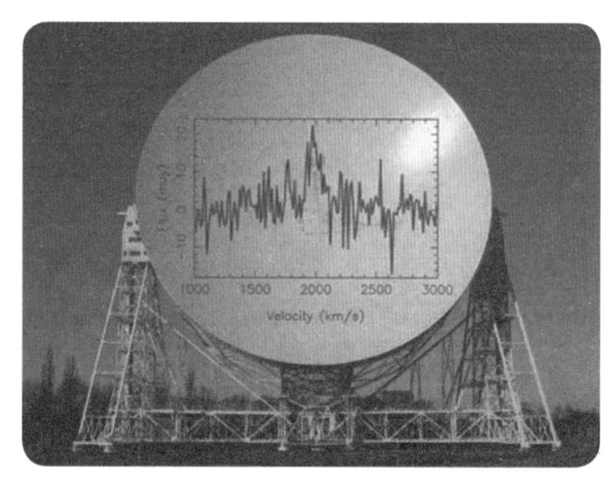

▲ 无线电波

航海、宇宙航行的通信，是战时的主要通信手段。但无线电通信传输质量不稳定，信号易受干扰或易被截获，保密性差。

▲ 无线电通信设备

无线电通信的方式有：双向通信，单向通信；单路通信，多路通信；直达通信，经过中间站转信。无线电广播、无线电通信、卫星、雷达等都是依靠无线电波的传播来实现。

无线电波一般指波长由10万米到0.75毫米的电磁波。根据电磁波传播的特性，无线电波又分为超长波、长波、中波、短波、超短波等若干波段，其中，超长波的波长为100000~10000米，频率3~30千赫；长波的波长为10000~1000米，频率30~300千赫；中波的波长为1000~100米，频率300千赫~1.6兆赫；短波的波长为100~10米，频

▲ 无线电通信设备

▲ 无线电通信塔

率为1.6~30兆赫；超短波的波长为10米~1毫米，频率为30兆赫~30万兆赫。

无线电波在各种媒介以及它的分界面上传播的过程中，由于反射、折射、散射及绕射，其传播方向经历各种变化，由于扩散和媒介质的吸收，它的磁场强度不断减弱。为使接收点有足够的磁场强度，必须掌握电波传播的途径、特点和规律，才能达到良好的通信效果。

▲ 无线电通信塔

无线电通信常见的传播方式有：

（1）地波（地表面波）传播

沿大地与空气的分界面传播的电波叫地表面波，简称地波。地波的传播途径主要取决于地面的电特性。地波在传播过程中，由于能量逐渐被大地吸收，能量很快减弱（波长越短，减弱越快），因而传播距离不远。但地波不受气候影响，可靠性高。超长波、长波、中波无线电信号，都是利用地波传播的；短波近距离通信也利用地波传播。

（2）直射波传播

直射波又称为空间波，是由发射点从空间直线传播到接收点的无线电波。直射波传播距离一般限于视距范围。在传播过程中，它的强度衰减较慢，超短波和微波通信就是利用直射波传播的。

在地面进行直射波通信，它的接收点的磁场强度由两路组成：一路由发射天线直达接收天线；另一路由地面反射后到达接收天线。如果天线高度和方向架设不当，容易造成相互干扰（例如电视的重影）。

限制直射波通信距离的因素主要是地球表面弧度和山地、楼房等障碍物，因此超短波和微波天线要求尽量高架。

▲ 无线电通信发射塔

（3）天波传播

天波是由天线向高空辐射的电磁波遇到大气电离层折射后返回地面的无线电波。电离层只对短波波段的电磁波产生反射作用，因此天波传播主要用于短波远距离通信。

（4）散射传播

散射传播是由天线辐射出去的电磁波投射到低空大气层或电离层中不均匀介质时产生散射，其中一部分到达接收点。散射传播距离远，但是效率低，不易操作，使用并不广泛。

在未来的发展趋势上，无线电通信还有很大的发展空间，主要表现在以下几个方面：开发新的频段，提高频谱的利用率，扩大信道容量；加强抗干扰能力；采用数字通信技术，提高通信的保密性和通信速率；采用微处理机技术，提高通信设备的自动化水平；采用微电子技术，缩小通信设备的体积和质量，提高机动能力；各种通信方式结合使用，组成综合的通信网。

▲ 雷达发射塔

知识链接

无线电通信是怎么发展起来的

詹姆斯·克拉克·麦克斯韦（1831~1879），英国物理学家、数学家。科学史上，称牛顿把天上和地上的运动规律统一起来，是实现第一次大综合，麦克斯韦把电、光统一起来，是实现第二次大综合，因此应与牛顿齐名。

1873年，英国物理学家麦克斯韦在他的著作《电学和磁学论》一书中，总结和发展了19世纪前期科学家们对电磁现象的研究成果，从理论上证明了电磁在过程空间上是以相当于光的速度传播的，光的本质是电磁波，从而建立了电磁理论。1887年德国物理学家赫兹在实验中发现了电磁波，验证了麦克斯韦的电磁理论。电磁理论的建立和电磁波的发现，为无线电通信的产生创造了条件。1895年俄国物理学家波波夫和意大利物理学家马可尼，分别进行了无线电通信试验，取得了成功。

▲ 詹姆斯·克拉克·麦克斯韦

第五节 一波三折——短波通信

短波通信是无线电通信的一种，波长在50~10米之间，频率范围6~30兆赫。短波通信发射的电波要经过电离层的反射才能到达接收设备，通信距离较远，是远程通信的主要手段。

由于电离层的高度和密度容易受昼夜、季节、气候等因素的影响，所以短波通信的稳定性较差，噪声较大。目前，它广泛应用于电报、电话、低速传真通信和广播等方面。

当前，尽管新型无线电通信系统不断涌现，短波这一古老和传统的通信方式仍然受到全世界普遍重视，不仅没有被淘汰，还在快速发展。

这主要是因为：

（1）短波是唯一不受网络枢纽和有源中继体制约的远程通信手段，一旦发生战

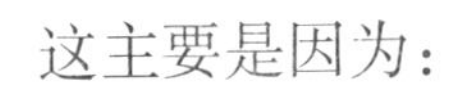
◀ 短波通信天线

争或灾害，各种通信网络都可能受到破坏，卫星也可能受到攻击。无论哪种通信方式，它的抗毁能力和自主通信能力都无法与短波相比。

（2）在山区、戈壁、海洋等地区，超短波覆盖不到，主要依靠短波。

（3）与卫星通信相比，短波通信不用支付话费，运行成本低。短波在通信过程中，电离层起着主要作用。

电离层是指从距地面大约 60~2000 千米处于电离状态的高空大气层。上疏下密的高空大气层，在太阳紫外线、太阳日冕的软 X 射线和太阳表面喷出的微粒流作用下，大气气体分子或原子中的电子分裂出来，形成离子和自由电子，这个过程叫电离。产生电离的大气层称为电离层。电离层分为 D、E、F1、F2 四层。D 层高度 60~90 千米，白天可反射 2~9 兆赫兹的频率。E 层高度 85~150 千米，这一层对短波的反射作用较小。F层对短波的反射作用最大，分为 F1 和 F2 两层。F1 层高度 150~200 千米，只在日间起作用；F2 层高度大于 200 千米，是 F 层的主体，日间

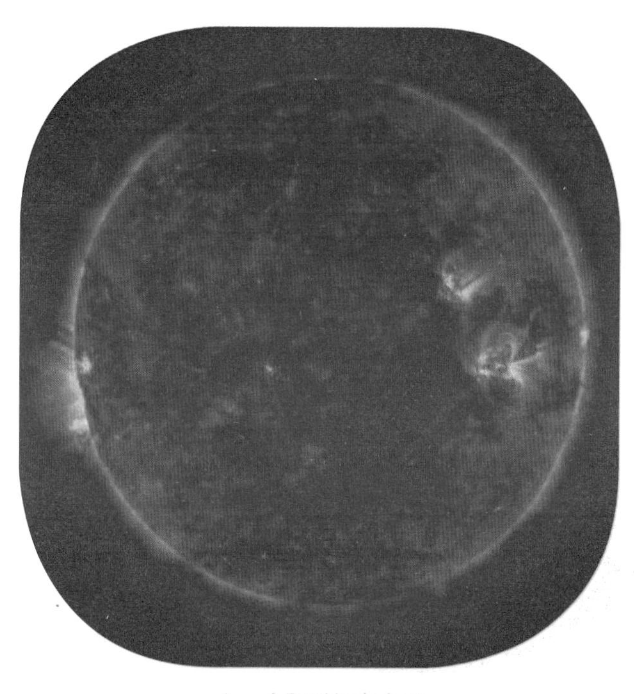

▲ 太阳磁场电离层

夜间都支持短波传播。

电离层的浓度对工作频率的影响很大，浓度高时反射的频率高，浓度低时反射的频率低。电离层的高度和浓度随地区、季节、时间、太阳黑子活动等因素的变化而变化，这决定了短波通信的频率也必须随之改变。

电离层最高可反射 40 兆赫的频率，最低可反射 1.5 兆赫的频率。根据这一特性，短波工作频段被确定为 1.6~30 兆赫。

短波的基本传播途径有两个：一个是地波，一个是天波。

地波沿地球表面传播，它的传播距离取决于地表介质特性。海面介质的电导特性对于电波传播最为有利，短波地波信号可以沿海面传播 1000 千米左右；陆地表面介质电导特性差，对电波衰耗大，而且不同的陆地表面介质对电波的衰耗程度不一样（潮湿土壤地面衰耗小，干燥沙石地面衰耗大）。短波信号沿地面最多只能传播几十千米。地波传播不需要经常改变工作频率，但要考虑障碍物的阻挡，这与天波传播是不同的。

▲ 架空光缆

短波的主要传播途径是天波。短波信号由天线发出后，经电离层反射回地面，又由地面反射回电离层，可以反射多次，因而传播距离很远（几百至上万千

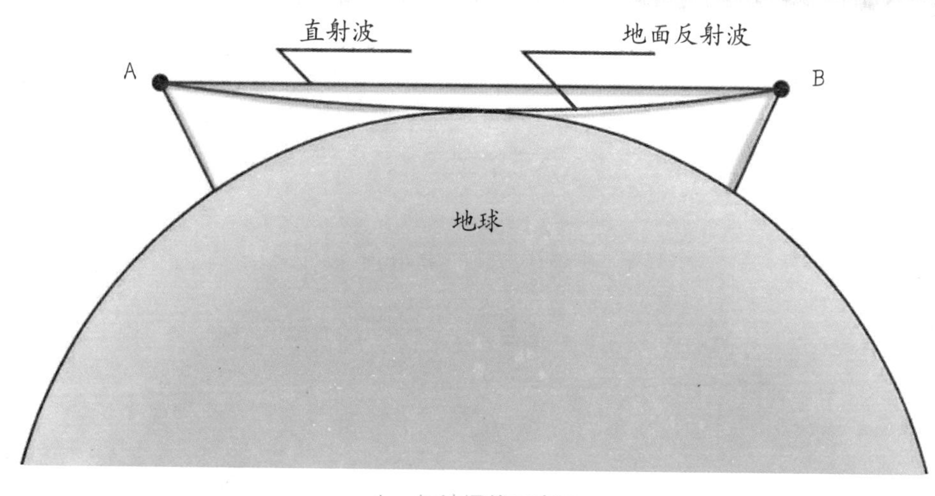

▲ 短波通信示意图

米），而且不受地面障碍物阻挡，但天波是很不稳定的。在天波传播过程中，路径衰耗、时间延迟、大气噪声、多径效应、电离层衰减等因素，都会造成信号的弱化和畸变，影响短波通信的效果。

第六节 超级波段——微波通信

微波是指波长在1米以下的超短波。而微波通信，是使用波长在0.1毫米至1米之间的电磁波——微波进行的通信。微波通信不需要固体介质，当两点间直线距离内无障碍时就可以使用微波传送。

利用微波进行通信容量大、质量好，并可传至很远的距离，因此是国家通信网的一种重要通信手段，也普遍适用于各种专用通信网。

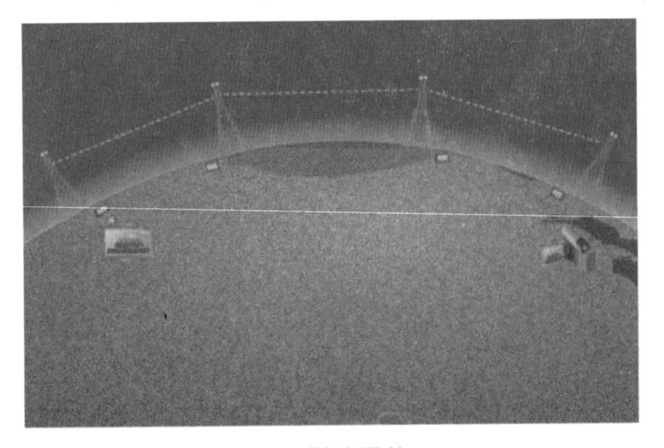

▲ 微波通信

由于微波的频率极高，波长又很短，它在空中的传播特性与光波相近，也就是直线前进，遇到阻挡就被反射或被阻断，因此微波通信的主要方式是视距通信，超过视距以后需要中继转发。

一般说来，由于地球曲面的影响以及空间传输的损耗，每隔50千米左右，就需要设置中继站，将电波放大转发而延伸。这种通信方式，也称为微波中继通信或称微波接力通信。长距离微波通信干线可以经过几十次中继而传至数千千米仍可保持很高的通信质量。

▲ 微波通信塔

微波站的设备包括天线、收发信机、调制器、多路复用设备以及电源设备、自动控制设备等。为了把电波聚集起来成为波束，送到远方，一般都采用抛物面天线，它的聚焦作

▲ 基站

用可大大增加传送距离。多个收发信机可以共同使用一个天线而互不干扰，现用微波系统在同一频段同一方向可以有六收六发同时工作，也可以八收八发同时工作以增加微波电路的总体容量。

多路复用设备有模拟和数字之分。模拟微波系统每个收发信机可以工作于60路、960路、1800路或2700路通信，可用于不同容量等级的微波电路；数字微波系统应用数字复用设备以30路电话按时分复用原理组成一次群，进而可组成二次群120路、三次群480路、四次群1920路，并经过数字调制器调制于发射机上，在接收端经数字解调器还原成多路电话。最新的微波

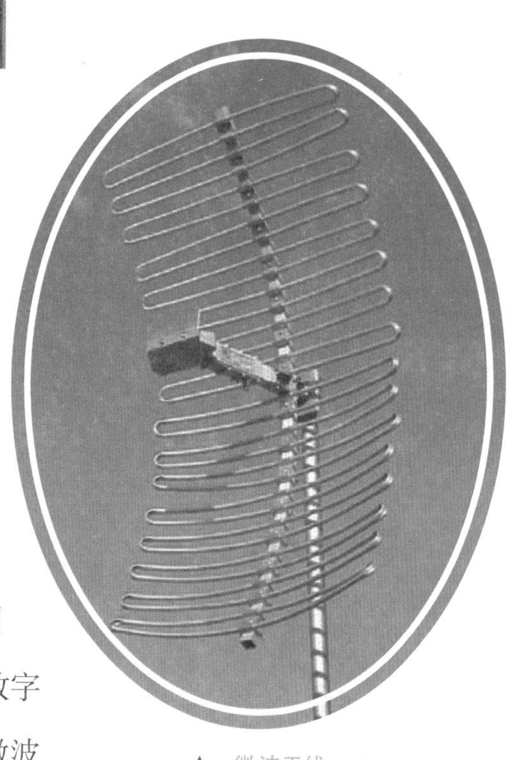

▲ 微波天线

通信设备，它的数字系列标准与光纤通信的同步数字系列完全一致，称为“SDH 微波”。这种新的微波设备在一条电路上，8 个束波可以同时传送 3 万多路数字电话电路。

▲ 微波站

微波通信由于频带宽、容量大、可以用于各种电信业务的传送，如电话、电报、数据、传真以及彩色电视等均可通过微波电路传输。微波通信具有良好的抗灾性能，对水灾、风灾以及地震等自然灾害，它一般都不受影响。但微波经空中传送，易受干扰，在同一微波电路上不能使用相同频率于同一方向。此外，由于微波直线传播的特性，在电波波束方向上，不能有高楼阻挡，以免影响正常通信的顺利进行。

第七节 明日黄花——无线寻呼通信

无线寻呼是无线电通信的一种特殊方式，它是由无线寻呼台（中心站）、若干移动寻呼接收机（也就是 BP 机，俗称“电蛐蛐”）以及电话网构成，寻呼台与电话网相连通。

无线寻呼是一种非语言的单向广播式无线选择呼叫系统，是移动通信方式之一，它主要用于主叫用户寻呼被叫（在移动中或在其他场所）用户。

▲ 无线寻呼机

寻呼台和寻呼机（用户机）是实现无线电寻呼最基本的两个要素。寻呼台中装有寻呼终端和寻呼电波发射机，并与公共电话网中有中继线路连通。当主呼用户通过公用电话网拨叫寻呼台的电话号码后，寻呼台根据主呼用户送出的寻呼信息和被呼用户的电话号码，将它转变成一定码型和格式的数字信号，经调制到指定频率由天线发射出去，对被呼用户进行搜索。在这个寻呼台覆盖范围内的所有 BP 机都可以收到它所发射的信号，但只有与所叫号码相同的那个 BP 机才会产生响应，发出某种设计好的响声，同时显示出主叫号码，从而建立通信联系。

▲ 无线寻呼机

无线寻呼提供人们在移动过程中建立通信联系的能力，给人们带来方便，因而受到欢迎。作为这种技术的改进，后又兴起了移动通信与个人通信技术与业务。

自 1984 年我国开始建立寻呼网、寻呼业务以来，基本沿用编码制式，因此，以前大量的寻呼台采用1200字节/秒低速甚至更低的512字节/秒编码方案。编码制式的传输速率低，要增加新的用户量只能靠增加频点、增设新台来实现。在寻呼业高速发展阶段，要使用户量继续增加，尤其是在新技术不断应用的情况下，存在着很多问题。

▲ 汉显无线寻呼机

高速寻呼编码是一种全同步、多速率且分时传送的编码格式。编码格式以每4分钟为一个周期，每个周期分为128帧，并采用1600字节/秒基本速率传送，在每帧结构中通过1/2/4基本帧的复用将群呼用户信息集中到一个帧中，实现高速率发送。

寻呼技术与有关的控制技术结合后，可以产生遥测、遥控等方面的应用。例如，通过寻呼技术，可以向远端的设备发出控制信号，如通过一个电话，采用寻呼控制信号，在下班前，就可以遥控打开家中的空调。同样，有些遥测的信息也可以通过寻呼技术，定期传送到指定的地点。总之，寻呼技术与控制技术结合后，可以产生许多新的应用。

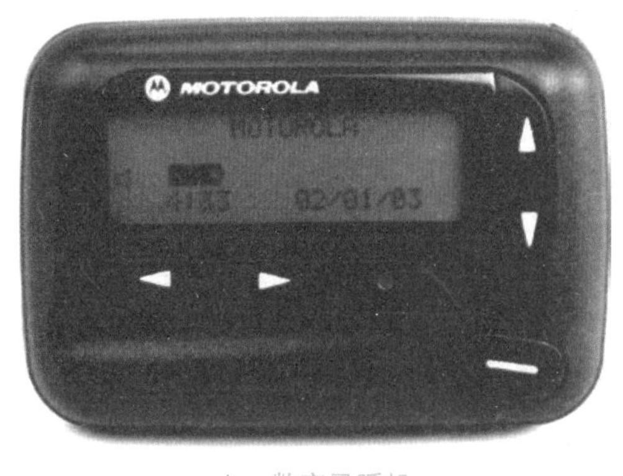

▲ 数字寻呼机

知识链接

寻呼机

寻呼机也叫 BP 机、传呼机、BB 机，简称呼机。是无线寻呼系统中的用户接收机，通常由超外差接收机、解码器、控制部分和显示部分组成。寻呼机收到信号后发出音响或产生震动，并显示有关信息。

1983 年，上海开通中国第一家寻呼台，BP 机进入中国。

从 BP 机开始的即时通信，将人们带入了没有时空距离的年代，时时处处可以被找到，大大提高了人们的生活、工作效率，但也让人无处可藏。人们对它爱恨交加，但已离不开它。

寻呼机是手机之前比较通行的通信工具，样子小巧，是 20 世纪末在中国和亚洲其他国家，甚至全世界广为流传的通信工具。

寻呼机就是用户携带的无线电接收机。BP 机有人工汇接和自动汇接两种方式，对应的寻呼台称为人工寻呼台和自动寻呼台。人工寻呼台需要人工操作把这些信息编码经过发射机发出信号。自动寻呼台根据打来电话的线路号，自动查出寻呼人的电话号码并同时发送出去，这样被寻呼人就知道是哪部电话寻呼的。经常使用的寻呼机分为两类：数字寻呼机和中文寻呼机。数字寻呼机小巧、价格低、实用。中文寻呼机直接显示汉字，信息容易识别。

1993 年、1994 年时，手机开始慢慢出现。不过那时人们常见的还是功能单一的集群电话，也就是常说的“大哥大”，一部两三万元，拿在手里就像身份标志一样，当时只有少数人用得起。

1995 年下半年开始，传呼业务在手机强大的攻势下，逐渐败下阵来，传呼用户开始不再增加。1996 年开始出现下滑，用户减少，传呼台数量也急剧下降。至此，寻呼机开始黯然失色，犹如明日黄花一样淡出了人们的视野。这个曾经创造和书写了一个辉煌通信时代的“骄子”，最后以昙花一现的结局凋零在通信历史的舞台上。

第八节 隐蔽战线——红外通信

红外通信，顾名思义，就是通过红外线传输数据。在电脑技术发展早期，数据都是通过线缆传输的，线缆传输连线麻烦，需要特制接口，颇为不便。于是红外、蓝牙等无线数据传输技术应运而生。

红外通信是利用红外技术实现两点间的近距离保密通信和信息转发。它一般由红外发射和接收系统两部分组成。发射系统对一个红外辐射源进行调制后发射红外信号，而接收系统用光学装置和红外探测器进行接收，就构成红外通信系统。

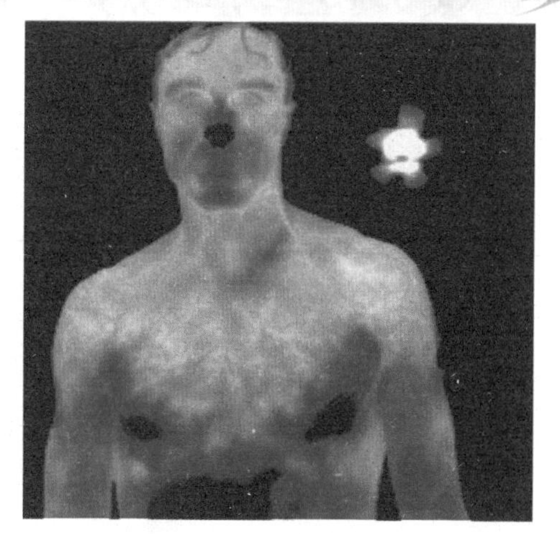

▲ 红外线人体成像

其特点：保密性强，信息容量大，结构简单，既可以室内使用，也可以在野外使用。由于它具有良好的方向性，适用于国防边界哨所与哨所之间的保密通信，但在野外使用时易受气候的影响。

红外通信由来已久，进入20世纪90年代，这一通信技术又有新的发展，应用范围更加广泛。在红外通信技术发展早期，存在好几个红外通信标准，不同标准之间的红外设备不能进行红外通信。

为了使各种红外设备能够互联互通，1993年，由二十多个大厂商发起成立了红外数据协会，统一了红外通信的标准。红外数据协会开发的这种新的无线通信标准还得到PC机产业的有力支持。主要的开发厂商，如微软、苹果、东芝和惠普公司，已推出了在计算机之间采用这种高速红外数据通信的PC机、笔记本电脑、打印机和手持式个人

▲ 红外线夜视仪成像

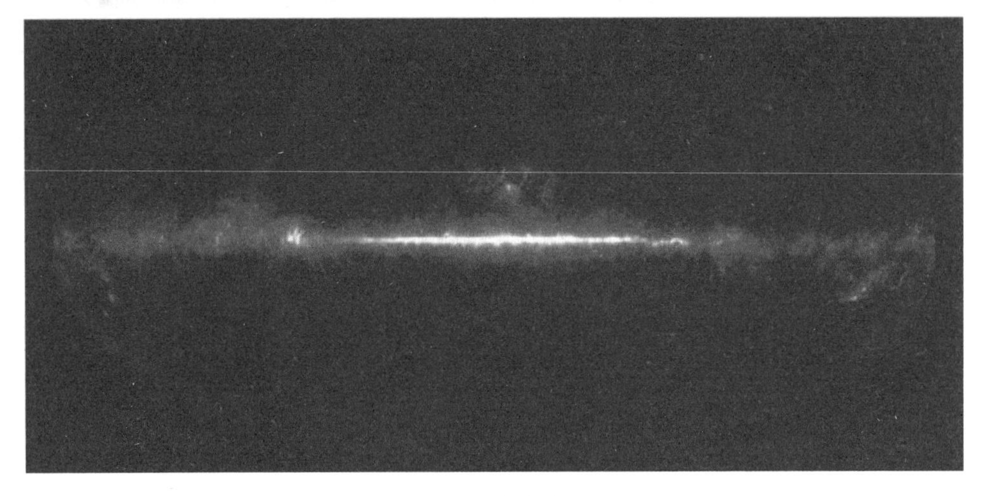

▲ 红外光波

数字助理设备。此外，红外通信的连通性已用在大多数新的笔记电脑中，并成为一种最具成本效益和便于使用的无线通信技术。

1. 性能扫描——红外通信系统

用红外射束将人体和物体从一地点传送到另一地点是一种科学幻想，离现实太遥远。但是用射束传送信息现在就能实现。不用电缆、微波或卫星就将视频、音频和数据信息从一个地点传送到另一个地点，这是红外通信的一个主要特征。例如，借助红外射束技术，可以将高尔夫球比赛和其他活动转发到全球，供数以百万计的人观看。

▲ 红外通信

（1）红外射束通信系统

在红外射束通信系统中，每个分系统的组成单元都有一台射束设备或收发信机、一台控制设备或基站设备。但是，其中一个分系统传送数据，而另一个设计成传送视频和语音。

▲ 红外通信对讲机

红外射束发射设备和控制设备作为一种数据运载体，对光纤分布数据接口/异步传送模式光传输载体，提供高速双向带宽和自动跟踪，而无须光缆。这个系统以每秒125/155.52兆比特的速率无干扰传输，传输距离达4千米。

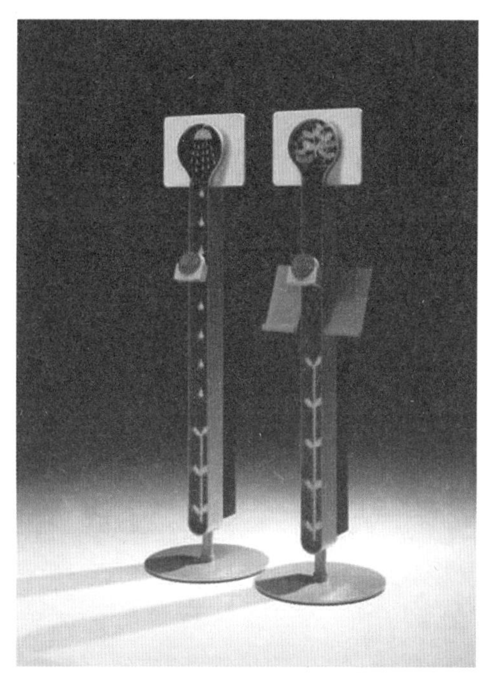

▲ 红外通信

红外射束通信系统的通信配置由两套相同的设备组成，每一套设备都有一台连接至控制设备的射束设备。为了构成通信链路，每一台射束设备产生的红外射束将用人工方式进行对准。当射束

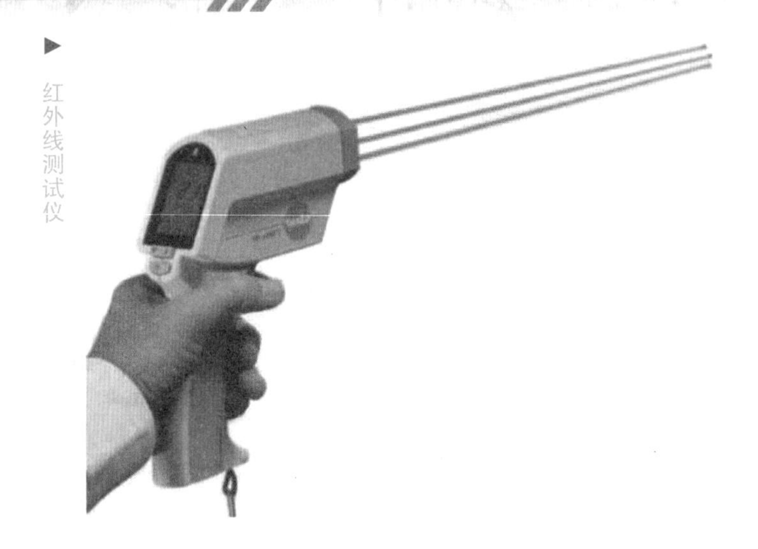

红外线测试仪

向前传送接近完全对准另一台射束设备时它便发亮。倘若两台射束设备中任何一台设备的射束向前传送偏离对准的方向，自动跟踪系统自然将射束收回，这就保证了传输的信息不致被截收。控制设备还连接至一台计算机或网络服务器，无须安装电缆就能传输数据。

对于视频广播来说，红外射束通信系统中的发射系统可将摄像机连接至其中一台控制设备，通过 IR 射束将图像传送至另一台控制设备，而另一台控制设备由同轴电缆连接至电视台或电视转播车。在电视台或电视转播车上可将图像记录下来，供以后使用或采用卫星连接发送出去。

这种系统的视频和音频收信机系统能提供 4 个视频信道或 8 个音频信息传送信道，外加 2 个内部通信信道。这样在两点之间可以往返传送视频并完全能进行通信。采用 IR 射束发射视频信号，就不需要延伸线路或安装电缆管道，可以节省时间和费用。

（2）红外视频链路

红外通信系统的数据系统与永久性连接相比，成本效益差一些，但对于灾后恢复通信或建立临时专用线路来说是理想的办法。例如，如果电缆被截断，通信线路会失去连接；在遂行恢复电缆连接的同时，红外通信可使通信继续顺畅运行。

2. 挑战现实——红外通信技术对计算机技术的冲击

红外通信标准有可能使大量的主流计算机技术和产品遭淘汰，包括历史悠久的调制解调器。预计，执行红外通信标准即可将所有的局域网的数据率提高到 10 兆字节 / 秒。

红外通信标准规定的发射功率很低，因此它可以用电池做为工作标准电源。红外通信标准的广泛兼容性可为 PC 设计师和终端用户提供多种供选择的无电缆连接方式，如掌上电脑、笔记本电脑、个人数字助理设备和桌面电脑之间的文件交换；在电脑装置之间传送数据以及控制电视、盒式录像机和其他设备。

▲ 红外技术设备

3. 憧憬梦想——红外通信技术开辟数据通信的未来

由于红外连接本身是数字式的，所以在笔记本电脑中不需要调制解调器。便携式PC机有一个任选的扩展插槽，可插入新式数据卡配电话使用，建立和保持对无线系统的连接；扩展电缆的红外端口使得在电话系统和笔记本电脑之间很容易实现无线通信。

由于新式数据卡、数字电话系统和笔记本电脑之间的连接是通过标准的红外端口实现的，所以数字电话系统可在任何一种PC机上使用，包括各种新潮笔记本电脑以及手持式电脑，以提供红外数据通信。

红外通信标准的开发者还设想在机场和饭店等地点使用步行传真机和打印机，在这些地方，掌上电脑用户可以利用这些外设而无须电缆。银行的柜员机也可以采用红外接口装置。

红外技术在通信领域得到普遍应用，数字移动电话、付费电话等都采用红外技术。红外技术推广，笔记本电脑实现无线上网已成现实，进入千家万户。

4. 点石成金——红外通信与军事

▲ 红外通信在军事中的重大作用

由于红外通信具有隐蔽性，保密性强，所以国外军事通信机构历来重视这一技术的开发和应用。这一技术在军事隐蔽通信，特别是军事机密机构、边海防的端对端通信中发挥重要的作用。它还对计算机技术产生冲击，对未来数据通信产生重大影响。

第九节 如日中天——移动通信

移动通信是移动体之间的通信，或移动体与固定体之间的通信。移动体可以是人，也可以是汽车、火车、轮船等在移动状态中的物体。

移动通信系统由两部分组成：

（1）空间通信系统。

（2）地面通信系统：①卫星移动无线电台和天线；②关口站、

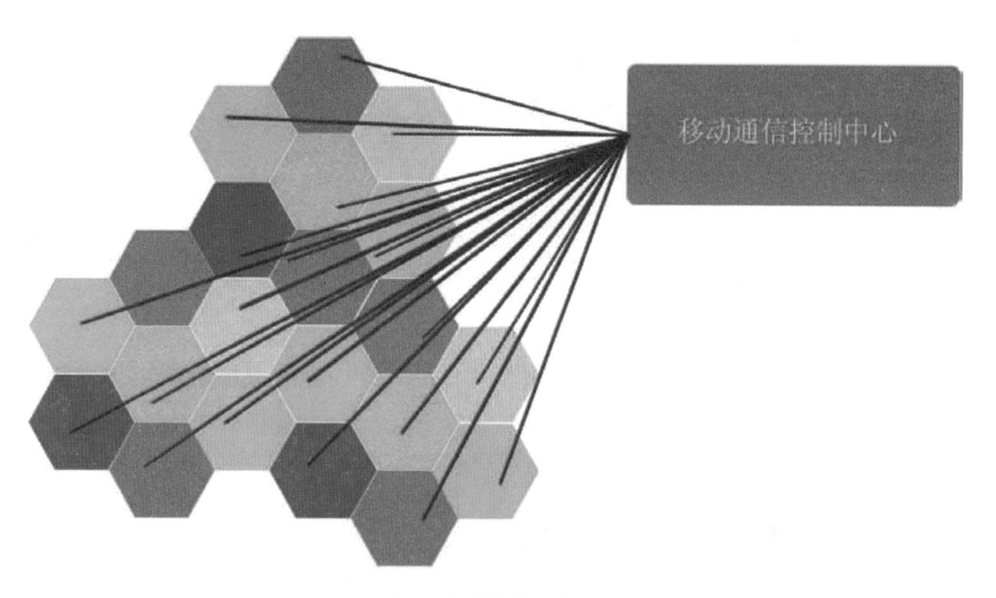

▲ 移动通信示意图

基站。

移动通信的种类繁多。按使用要求和工作场合不同可以分为：

（1）集群移动通信，也称大区制移动通信。它的特点是只有一个基站，天线高度为几十米至百余米，覆盖半径为30千米，发射机功率可高达200瓦。用户数约为几十至几百，可以是车载台，也可以是手持台。它们可以与基站通信，也可通过基站与其他移动台及市话用户通信，基站与市站使用有线网连接。

（2）蜂窝移动通信，也称小区制移动通信。它的特点是把整个大范围的服务区划分成许多小区，每个小区设置一个基站，负责本小

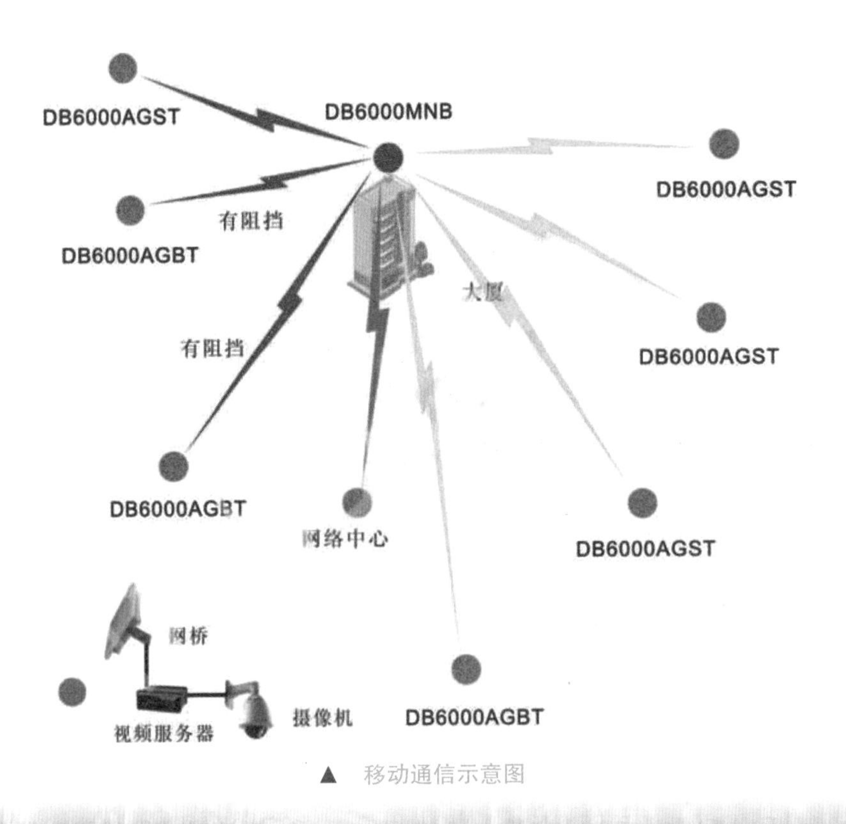

▲ 移动通信示意图

区各个移动台的联络与控制，各个基站通过移动交换中心相互联系，并与市话局连接。利用超短波电波传播距离有限的特点，离开一定距离的小区可以重复使用频率，使频率资源可以充分利用。每个小区的用户在 1000 户以上，全部覆盖区最终的容量可达 100 万用户。

▲ 卫星通信

（3）卫星移动通信。利用卫星转发信号也可实现移动通信，对于车载移动通信可采用赤道固定卫星，而对手持终端，采用中低轨道的多颗星际卫星较为有利。

（4）无绳电话。对于室内外慢速移动的手持终端的通信，则采用小功率、通信距离近的、轻便的无绳电话机。它们可以经过通信点与市话用户进行单向或双方向的通信。

使用模拟识别信号的移动通信，称为模拟移动通信。为了解决容量增加，提高通信质量和增加服务功能，目前大都使用数字识别信号，也就是数字移动通信。在制式上则有时分多址和码分多址两种。前者在全世界有欧洲的 GSM 系统（全球移动通信系统）、北美的双模制式标准 IS–54 和日本的 JDC 标准。对于码分多址，则有美国研制的 IS–95 标准的系统。

总的趋势是数字移动通信将取代模拟移动通信，而移动通信将向个人通信发展，进入 21 世纪后则成为全球信息高速公路的重要组成部分。

移动通信系统从 20 世纪 80 年代诞生以来，到 2020 年将大体经过 5 代的发展历程，而且在 2010 年已从第 3 代过渡到第 4 代（4G）。到 4G，除蜂窝电话系统外，宽带无线接入系统、毫米波、智能传输系统和同温层平台系统将投入使用。未来几代移动通信系统最明显的趋势是要求高数据速率、高机动性和无缝隙漫游。实现这些要求在技术上将面临更大的挑战。此外，系统性能（如蜂窝规模和传输速率）在很大程度上将取决于频率的高低。考虑到这些技术问题，有的系统将侧重提供高数据速率，有的系统将侧重增强机动性或扩大覆盖范围。

数字移动通信关键技术：调制技术、纠错编码和数字话音编码。从用户角度看，可以使用的接入技术包括：蜂窝移动无线系统，如 3G；无绳系统；近距离通信系统，如蓝牙和无绳数据系统；无线局域网系统；固定无线接入或无线本地环系统；卫星系统；广播系统。

▲ 卫星通信系统示意图

第十节 “浓妆淡抹总相宜”——数字电视通信

数字电视通信是以数字电视为载体的通信。真正意义上的数字电视是指从演播室到发射、传输、接收的所有环节都是使用数字电视信号或对系统所有的信号传播都是通过由 0、1 数字串所构成的数字流来传播的电视类型。数字信号的传播速率是每秒 19.39 兆字节，这样大的数据流的传递保证了数字电视的高清晰度，克服了模拟电视的先天不足。同时还由于数字电视可以允许几种制式信号的同时存在，每个数字频道下又可分为几个子频道，从而既可以用一个大数据流——每秒 19.39 兆字节，也可将其分为几个分流，例如 4 个，每个的速度就是每秒 4.85 兆字节，这样虽然图像的清晰度要大打折扣，却可大大增加信息的种类，满足不同的需求。

▲ 数字电视传播控制中心

▲ 家庭影院

其实，“数字电视”的含义并不是指一般意义上的电视机，而是指电视信号的处理、传输、发射和接收过程中使用数字信号的电视系统或电视设备。它的具体传输过程是：由电视台送出的图像及声音信号，经数字压缩和数字调制后，形成数字电视信号，经过卫星、地面无线广播或有线电缆等方式传送，由数字电视接收后，通过数字解调和数字视音频解码处理还原出原来的图像及伴音。因为全过程均采用数字技术处理，因此信号损失小，接收效果好。

将电视的视音频信号数字化后，数据量是很大的，非常不利于传输，因此数据压缩技术成为关键。

▲ 数字电视在生活中的应用

实现数据压缩技术方法有两种：一是在信源编码过程中进行压缩，现在的“MPEG-4”压缩技术采用不同的层和级组合即可满足从家庭质量到广播级质量，以及将要播出的高清晰度电视质量不同的要求。它的应用面很广，支持标准分辨率16 ：9宽屏和高清晰度电视等多种格式，从进入家庭的DVD到卫星电视、广播电视微波传输都采用了这一标准。二是改进信道编码，发展新的数字调制技术，提高单位频宽数据传送速率。如，在欧洲数字电视系统中，数字卫星电视系统采用正交相移键控调制；数字有线电视系统采用正交调幅调制；数字地面开路电视系统则采用更为复杂的编码正交频分复用调制。

▲ 数字电视演示图

1. 触类旁通——数字电视的分类

数字电视可以按以下几种方式分类：

（1）按信号传输方式分类，可以分为地面无线传输（地面数字电视）、卫星传输（卫星数字电视）、有线传输（有线数字电视）三类。

▲ 壁挂数字电视

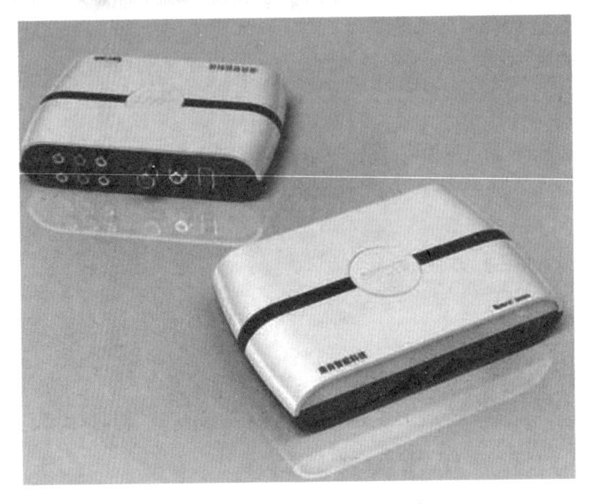

▲ 家用数字电视机顶盒

（2）按产品类型分类，可以分为数字电视显示器、数字电视机顶盒、一体化数字电视接收机。

（3）按清晰度分类，可以分为低清晰度数字电视（图像水平清晰度大于 250 线）、标准清晰度数字电视（图像水平清晰度大于 500 线）、高清晰度数字电视（图像水平清晰度大于 800 线）。VCD 的图像格式属于低清晰度数字电视水平，DVD 的图像格式属于标准清晰度数字电视水平。

（4）按显示屏幕幅型分类，可以分为 4 ∶ 3 幅型比和 16 ∶ 9 幅型比两种类型。

（5）按扫描线数（显示格式）分类，可以分为 HDTV 扫描线数（大于 1000 线）和 SDTV 扫描线数（600~800 线）等。

▲ 台式高清数字电视

2. 标新立异——数字通信的优点

数字电视技术与原有的模拟电视技术相比，有如下优点。

▲ 台式等离子电视

（1）信号杂波比和连续处理的次数无关。电视信号经过数字化后是用若干位二进制的两个电平来表示，因而在连续处理过程中或在传输过程中引入杂波后，杂波幅度只要不超过某一额定电平，通过数字信号再生，都可能把它清除掉。即使某一杂波电平超过额定值，造成误码，也可以利用纠错编、解码技术把它们纠正过来。所以，在数字信号传输过程中，不会降低信杂比。而模拟信号在处理和传输中，每次都可能引入新的杂波，为了保证最终输出有足够的信杂比，就必须对各种处理设备提出较高的信杂比要求。模拟信号在传输过程中噪声逐步积累，而数字信号在传输过程中，基本上不产生新的

▲ 播放体育运动节目

噪声，它的信杂比基本不变。

（2）可避免系统的非线性失真的影响。而在模拟系统中，非线性失真会造成图像的明显损伤。

（3）数字设备输出信号稳定可靠。因数字信号只有“0”“1”两个电平，“1”电平的幅度大小只要满足处理电路中可能识别出是“1”电平就可，大一点、小一点无关紧要。

（4）易于实现信号的存储，而且存储时间与信号的特性无关。近年来，大规模集成电路（半导体存储器）的发展，可以存储多帧的电视信号，从而完成用模拟技术不可能达到的处理功能。例如，帧存储器可用来实现帧同步和制式转换等处理，获得各种新的电视图像特技效果。

▲ 高清画质数字电视

（5）由于采用数字技术，与计算机配合可以实现设备的自动控制和调整。

（6）数字技术可实现时分多路，充分利用信道容量，利用数字电视信号中行、场消隐时间，可实现文字多工广播。

（7）压缩后的数字电视

信号经数字调制后，可进行开路广播，在设计的服务区内（地面广播），观众将以极大的概率实现“无差错接收”（发“0”收“0”，发“1”收“1”），收看到的电视图像及声音质量非常接近演播室质量。

▲ 家用多功能电视

（8）可以合理地利用各种类型的频谱资源。以地面广播而言，数字电视可以启用模拟电视的禁用频道，而且在今后能够采用“单频率网络”技术，例如1套电视节目仅占用同1个数字电视频道就可以覆盖全国。此外，现有的6兆赫模拟电视频道，可用于传输1套数字高清晰度电视节目或4~6套质量较高的数字常规电视节目，或者16~24套与家用录像机质量相当的数字电视节目。

（9）在同步转移模式的通信网络中，可实现多种业务的“动态组合”。例如，在数字高清晰度电视节目中，经常会出现图像细节较少的时刻。这时由于压缩后的图像数据量较少，便可插入其他业务（如电视节目指南、传真、电子游戏软件等），而不必插入大量没有意义的“填充比特”。

（10）很容易实现加密/解密和加扰/解扰技术，便于专业应用（包括军用）以及广播应用（特别是开展各类特种收费业务）。

（11）具有可扩展性、可分级性和互操作性，便于在各类通信信道特别是异步转移模式的网络中传输，也便于与计算机网络联通。

（12）可以与计算机"融合"而构成一类多媒体计算机系统，成为未来国家信息基础设施的重要组成部分。

3. 一专多能——数字电视通信的用途

在数字电视中，采用了双向信息传输技术，增加了交互能力，赋予了电视许多全新的功能，使人们可以按照自己的需求获取各种网络服务，包括视频点播、网上购物、远程教学、远程医疗等新业务，使电视机成为名副其实的信息家电。

数字电视提供的最重要的服务就是视频点播。视频点播是一种全新的电视收视方式，它不像传统电视那样，用户只能被动地收看电视

▲ 数字电视点播平台

台播放的节目，它提供了更大的自由度、更多的选择权、更强的交互能力，传用户之所需，看用户之所点，有效地提高了节目的参与性、互动性、针对性。因此，未来电视的发展方向就是朝着点播模式的方向发展。数字电视还提供了其他服务，包括数据传送、图文广播、上网服务等。用户能够使用电视实现股票交易、信息查询、网上冲浪等，使电视被赋予了新的用途，扩展了电视的功能，把电视从封闭的窗户变成了交流的窗口。

知识链接

数字电视是收费电视吗

事实上，数字电视不等于收费电视。数字电视的概念是指节目从摄制、编辑、播出、发射到接收的整个过程都是采用数字化技术实现的。包括数字摄像、数字制作、数字编码、数字调制和数字接收等，达到高质量传送电视信号的目的。不仅如此，数字电视还具有丰富的信息业务广播功能，具有可交互性等。

从数字电视发展年表来看，到2015年国内终止模拟数字信号的播放，其间显然不仅是发展收费电视用户，公共频道（传统电视）的数字化也是必然趋势。而目前多数商家认为数字电视等同于收费电视，这与现实发展有所背离。

数字电视可与收费电视同行吗

数字电视不仅可与收费电视同行，而且，数字电视和收费电视同轨运行是国内外数字电视未来发展的一个趋势。采用这种发展模式的电视台既可以占领收费电视市场，同时顺应技术潮流，逐步达到数字播放的需要。在这一过程中，整合各类资源形成新的网台关系极其重要。

电视台希望通过收费频道的建设拥有数字电视平台，而公开频道则尽力延缓数字化，这有利于电视台利用数字电视达到收益的目的。而一旦到达政府规定的时限，公开频道可以平稳地转接至数字平台。

收费电视是不是“内容为王”

实际上，收费电视时代更强调的是“内容为王”。“付费电视成败关键在于内容而非技术。”在谈到付费电视这种商业模式的前景时，中央电视台副台长李晓明如是断言。数字化是不可避免的潮流，而且随着技术的成熟和进步，互联网的图像和声音传送水平将与电视一争高下。如此一来，电视将失去视、音频同步传播的优势。因此真正能够吸引观众的注定是内容，而且将是与以往大不相同的内容。有业内人士认为，老百姓不会仅仅为了收看到更清晰的节目就去付费，也不会仅仅因为电视台所播出的电视节目有一些简单的交互形式就去付费。

因此，可以预测，推广收费电视的最大瓶颈在于如何推广和赢利与否直接相关的收费模式，而收费模式又取决于播出的内容。

4. 展望未来——数字电视通信的前景

世界通信与信息技术的迅猛发展将引发整个电视广播产业链的变革，数字电视是这一变革中的关键环节。伴随着电视广播的全面数字化，传统的电视媒体将在技术、功能上逐步与信息、通信领域的其他手段相互融合，从而形成全新的、庞大的数字电视产业。这一新兴产业已经引起人们的广泛关注。数字电视被各国视为新世纪的战略技术，也成了继电信引爆互联网之后的又一大“热点”。

▲ 数字电视调节器

▲ 带视力保护的数字电视

电视数字化是电视发展史上又一次重大的技术革命。数字电视不但是一个由标准、设备和节目源生产等多个部分相互支持和匹配的技术系统，而且将对相关行业产生影响并促进更大的发展。

下一代数字电视的技术发展方向：

（1）标准数字电视

由于目前世界上大多数国家主要地区仍处于模拟电视与数字电视的转换过渡时期，因此市场上仍然存在既能接收模拟电视节目又能接收数字电视节目的多功能电视机，也就是所谓的数字电视一体机，它们可以采用机顶盒 + 模拟电视的解决方案来实现。

▲ 家用数字电视

（2）大屏幕数字电视

随着现代人起居室的不断变大，用户对大屏幕数字电视的需求也在不断增长。目前，总体上讲，液晶显示器数字电视是业界的发展主流。但由于性价比的关系，一旦尺寸大到某一限度，液晶显示器屏幕的成本就会急剧上升。传统上，业界认为40英寸是液晶和等离子电视的分界点，液晶电视更专注于40英寸以下领域，而等离子电视则适合40英寸以上的显示需求。但随着技术的进步，50英寸有望成为液晶和等离子电视新的分界点。

（3）高清化

随着高清节目源的增多，图像水平清晰度大于800线的高清数字电视（HDTV）成为数字电视的主流，相应的数字电视机顶盒以及编解码芯片也适应这一发展的要求。

▲ 清晰的画面

（4）互联网数字电视

数字电视的下一个重要发展方向就是连接互联网，未来的消费者不必再使用电脑检查邮箱、发送电子邮件、在线玩网络游戏、下载和播放网络视频，甚至收看流媒体视频，人们将可以直接用无线鼠标或无线键盘体验家用电脑的所有功能。

从技术的角度看，人们可以采用百兆/千兆以太网等无线或有线技术实现数字电视与互联网的连接，当然必须在数字电视中增加应用处理器或多媒体处理器。

（5）个人视频录像机

个人视频录像机也是未来数字电视的下一个重要发展方向。随着未来的数字电视集成多媒体处理器，个人视频录像功能将逐步融合到未来基于硬盘或微硬盘的数字电视产品中。

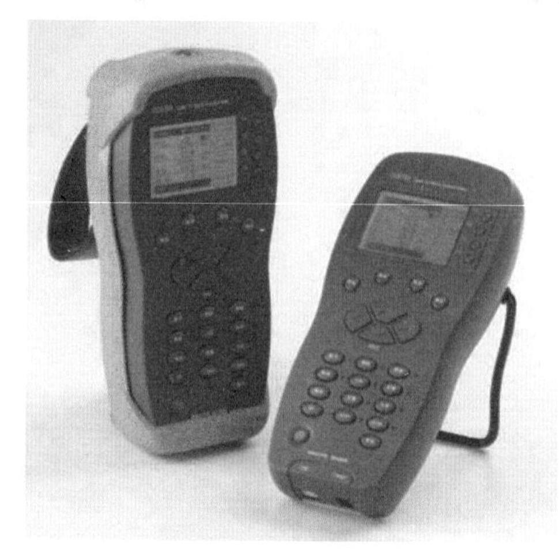

▲ 数字电视场强仪

（6）支持更丰富的互联接口

未来的数字电视还将支持更多的互联接口，以实现与数码相机、数码摄像机、移动硬盘、家用电脑、笔记本电脑、智能手机、数码打印机等数字设备的连接，共享相互之间的音视频信息。

知识链接

高清数字电视

数字电视是指音视频信号从编辑、制作到信道传输直至接收和处理均采用数字技术的电视系统。依据其信息处理、传输能力，数字电视系统一般可分为标准清晰度电视和高清晰度电视。

高清晰度电视接收机的标准是具有下列最低性能的设备：

（1）能接收、解调由高清晰度电视信号调制的射频信号。

（2）能解码、显示 1920×1080/50Hz 或更高图像格式的视频信号。

（3）显示屏的高宽比为 16 ∶ 9。

（4）能正确显示高宽比为 16 ∶ 9 的图像，水平清晰度及垂直清晰度达到 720 电视线。

（5）能解码、输出独立的多声道声音。

高清数字信号的解码和重现就是关系到我们广大用户本身的事情了。由于数字电视标准尚未确立，电视厂家也都没有在市场上出售的电视机中内置解码设备，而是用户根据不同的地方标准来配备机顶盒，然后在自己的电视机上重现画面。当然，最后的画面清晰程度取决于视频信号的清晰度与电视机的最高分辨率。所以市面上能买到的所谓数字电视，其实就是个显示器的作用，我们把它称作“HDTV Ready”。而以后标准确定，厂商推出内置机顶盒的电视，我们就可以称为是“HDTV Receiver”。

移动数字电视

顾名思义，移动数字电视就是可在移动状态中收看的电视，是全新概念的信息型移动户外数字电视传媒，是传统电视媒体的延伸。它采用了当今世界最先进的数字电视技术，通过无线发射、地面接收的方法进行电视节目传播。你可以在任何安装了接收装置的巴士、轮渡、轨道交通等移动载体中收看到如DVD般清晰的移动电视画面，当然也能在非移动的情况下接收。

移动数字电视是国际公认的新兴媒体，它首先出现在新加坡。2002年10月，中国内地第一批移动数字电视在上海投入运营。目前全国已有上海、北京、成都、长沙、广州、南京、武汉、南昌、合肥、杭州、青岛、无锡等地开通了移动数字电视。

作为一种新的媒体，移动数字电视具有安装简便、覆盖广泛、反应迅速、移动性强的特点。它除了具有传统媒体宣传和欣赏功能外，还承担着城市应急预警、交通、食品卫生、商品质量等政府安全信息发布的重任。移动电视是通过无线数字信号发射、地面数字接收的方式播放和接收电视节目的，无须连接有线电视网络，通过机顶盒、接收天线和终端显示器即可收看到电视节目。它覆盖广泛、反应迅速、移动性强，无论在高速移动还是固定的状态下均能保持画面的清晰，实现了边走边看、随时随地收看，极大地满足了快节奏社会中人们对于信息的需求。

第十一节 “条条大道通罗马”——数据通信

数据通信是通信技术和计算机技术相结合而产生的一种新的通信方式。要在两地间传输信息，必须有传输信道。根据传输媒体的不同，分为有线数据通信与无线数据通信。但它们都是通过传输信道将数据终端与计算机联结起来，而使不同地点的数据终端实现软、硬件和信息资源的共享。

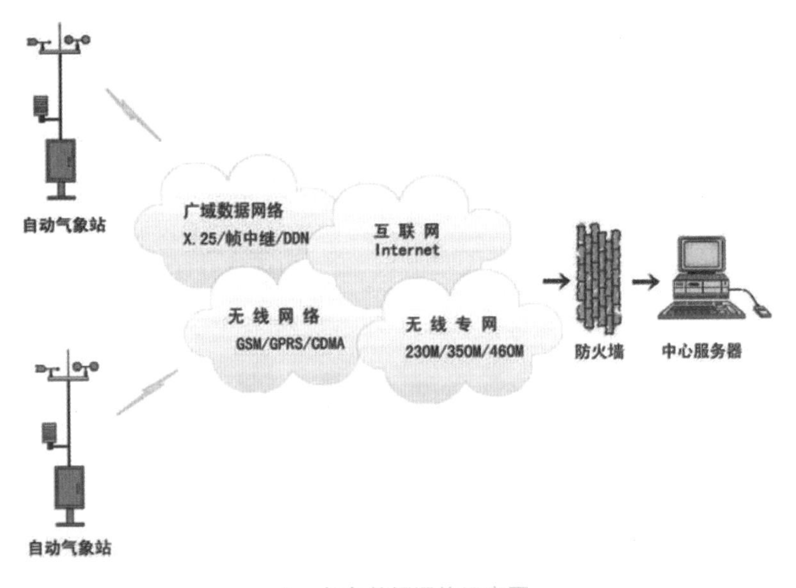

▲ 气象数据通信示意图

数据通信是以“数据”为业务的通信系统，数据是预先约定好的具有某种含义的数字、字母或符号以及它们的组合。

在通信发展史上，数据通信的发展经历了五个大的阶段：

第一阶段：以语言为主，通过人力、马力、烽火等原始手段传递信息。

第二阶段：文字、邮政（增加了信息传播的手段）。

第三阶段：印刷（扩大了信息传播范围）。

第四阶段：电报、电话、广播（进入电器时代）。

第五阶段：信息时代，除语言信息外，还有数据、图像、文本等。

知识链接

历史回眸——现代数据通信发展历程

电信作为通信是从 19 世纪 30 年代开始的，1831 年科学家法拉第发现了电磁感应；1837 年莫尔斯发明了电报；1873 年麦克斯韦提出了电磁场理论；1876 年贝尔发明了电话；1895 年马可尼发明了无线电，开辟了电信的新纪元；1906 年电子管出现，从而模拟通信得到发展；1928 年奈奎斯特准则和取样定理被制定；1948 年山农定理被确立；20 世纪 50 年代人们发明了半导体，从而数字通信得到发展；20 世纪 60 年代有人发明了集成电路；20 世纪

40年代科学家提出静止卫星概念，但无法实现；20世纪50年代航天技术走向成熟；1963年人类第一次实现同步卫星通信；20世纪60年代激光成为当时的重大发明，试图用于通信，没有成功；20世纪70年代科技工作者发明光导纤维，光纤通信得到发展。

伟大出于平凡——科学巨匠

亚历山大·格雷厄姆·贝尔（1847~1922），加拿大（英国裔）发明家和企业家。他发明了世界上第一台可用的电话机，创建了贝尔电话公司。他被世界誉为“电话之父”。

1847年3月3日贝尔出生在英国苏格兰的爱丁堡，并在那里接受初等教育。1870年贝尔移民到加拿大，一年后到美国，他去了波士顿工作。1873年，任波士顿大学教授。1875年，他发明了多路电报。第二年，他又发明电话。贝尔一生曾获多项专利。1882年加入美国国籍。此外，他还制造了助听器，改进了爱迪生发明的留声机。

▲ 亚历山大·格雷厄姆·贝尔

他对聋哑语的发明贡献很大。世界著名的“贝尔实验室”就是以他的名字命名的。而这一切伟大成就的背后却站着一个普通的妻子——贝尔的妻子是一位聋人。

▲ 伽利尔摩·马可尼

伽利尔摩·马可尼(1874~1937年)，意大利人，电气工程师和发明家。1874年生于意大利的博洛尼亚市。他的家庭十分富裕。他在家庭教师的指导下学习。在博洛尼亚大学学习期间，他用电磁波进行约2千米距离的无线电通信实验，获得成功。1896年，他去伦敦发展。1897年，他建立了无线电报公司。1899年，他首次实现英法之间的无线通信。1909年他与冯·布劳恩一起获得诺贝尔物理学奖。1916年，他实现短波无线电通信。1929年，他建立世界性无线通信网。

基本的数据通信系统

基本的数据通信系统大致有五种：

（1）脱机数据传输系统

是简单地利用电话或类似的链路来传输数据，不包括计算机系统。

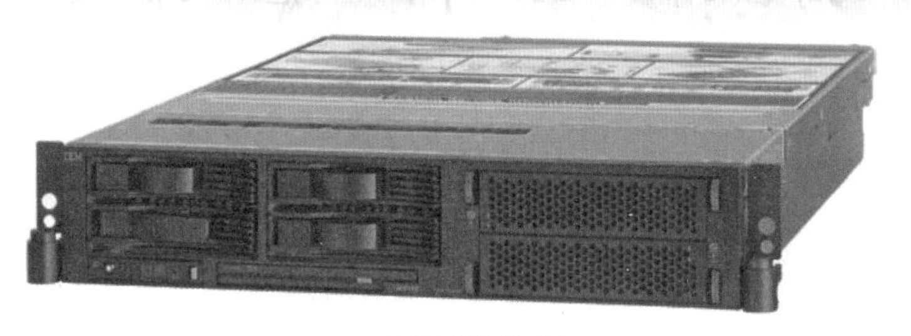

▲ 存储数据的磁盘

这样一条链路两端所使用的设备不是计算机的部件，或至少不是立刻把数据提供给计算机处理，即数据在发送或接收时是脱机的，这种数据通信相对来说比较简单。

（2）远程批处理数据通信系统

是采用数据通信技术来使数据的输入和输出在地理上远离按批处理模式处理它们的计算机。

（3）联机数据收集系统

指的是用数据通信技术来向计算机即时提供刚产生的输入数据这种方法。数据于是存储在计算机里（比如磁盘上），并按预定时间间隔或者根据需要进行处理。

（4）询问——应答系统

是为用户提供从计算机提取信息的功能。询问功能是被动的，也就是说，它不修改所存储的信息。提问可以很简单。这类系统可能要使用能产生硬拷贝和（或）可视显示的终端。

（5）实时系统

信号是消息（或数据）的一种电磁编码，信号中包含了所要传递的消息。任何信号（不管是模拟信号还是数字信号）都是由各种不同频率的谐波组成的，任何信号都有相应的带宽。而且任何信道在传输信号时都会对信号产生衰减，因此，任何信道在传输信号时都存在一个数据传输率的限制。

实时系统是这样一类系统，其中计算机系统是在动态情况下取得和处理信息，以便使计算机采取动作来影响正在发生的事件（比如在过程控制应用中）或者可通过存储在计算机里的准确且不断更新的信息来影响人（操作员），比如在预售系统中。

专用术语释义

网络传输

网络传输是指用一系列的线路（光纤、双绞线等）经过电路的调整变化依据网络传输协议来进行通信的过程。

其中网络传输需要介质，也就是网络中发送方与接收方之间的物理通路，它对网络的数据通信具有一定的影响。常用的传输介质有双绞线、同轴电缆、光纤、无线传输媒介。

传输介质是计算机网络与通信的最基本的组成部分，它在整个计算机网络的成本中占有很大的比重。为了提高传输介质的利用率，我们可以使用多路复用技术。多路复用技术有频分多路复用、波分多路复用和时分多路复用三种，它们用在不同的场合。

数据交换技术包括电路交换、报文交换和分组交换三种，它们各自有优缺点。

图像传输

图像是景物在某种介质上的再现，例如图片、电影、传真、电视等介质都可以使人们获得图像信息。一般把图像信息传送到远方或是存储图像信息的过程，统称为图像传输。

第十二节 方便快捷——传真通信

传真通信是将文字、图表、相片等记录在纸面上的静止图像，通过扫描和光电变换，变成电信号，经各类信道传送到目的地，在接收端通过一系列逆变换过程，获得与发送原稿相似记录副本的通信方式，它是近年来发展最快的非话电信业务。

▲ 传真机

传真是将公共交换电话网络的电信信号通过设备中转成传真信号。最近由于科技迅速发展，电子网络传真逐渐成为取代传真机的新一代通信工具。传真的主要技术有扫描技术、记录技术、同步同相技术、传输技术。传真的通信过程包含扫描、光电变换、图像信号的传输、记录变换、收信扫描和同步同相。

传真机的工作原理很简单，也就是先扫描即将需要发送的文件，并转化为一系列黑白点信息，这个信息再转化为声频信号并通过传统

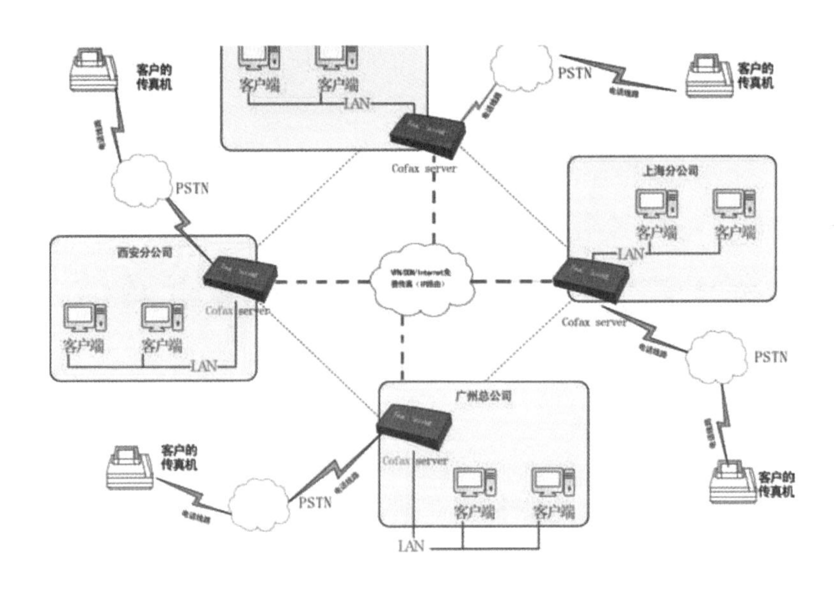

▲ 网络传输示意图

电话线进行传送；接收方的传真机接收到信号后，会将相应的点信息打印出来，这样，接收方就会收到一份原发送文件的复印件。需要指出的是，不同类型的传真机在接收到信号后，打印方式是不同的，但它们的工作原理是基本相同的。

知识链接

学会发传真

在实际的收发传真过程中，传真机操作首先要看看说明书。简单地说，只要把写好的文章或文件，轻轻插入传真机文件输入口，拨通对方的传真机号码，待对方回复后，按“确认”按钮就可完成。

你会写传真吗?

传真草稿：

朋友和你熟悉吗？熟悉的话可以随意一些写——

XX（收）

我现在XXX（地名），由于需要急需调回我的户口，你能到XXX地方，帮我领回户口吗？我在此先谢了……

XXX（你的名字）

XX年XX月XX日

1. 灵感来自偶然——传真通信的发展史

▲ 电话传真机

传真通信是利用扫描和光电变换技术，从发端将文字、图像、照片等静态图像通过有线或无线信道传送到收端，并在收端以记录的形式重现原静止的图像的通信方式。

1843 年，美国物理学家亚历山大·贝恩根据钟摆原理发明了传真。1850 年美国的弗·贝克韦尔开始采用“滚筒和丝杆”装置代替了亚历山大·贝恩的钟摆方式，使传真技术前进了一步。1865 年，伊朗人阿巴卡捷里根据贝恩和贝克韦尔提出的原理，制造出实用的传真机，并在法国的巴黎、里昂和马赛等城市之间进行了传真通信实验。可见从发明至今，传真已经有超过 150 年的历史，但它被推广、普及则是近几十年的事。在这之前，它的发展非常缓慢，这主要是受到使用条件及其本身技术落后等原因的限制。自 20 世纪 70 年代开始，世界各国相继

▲ 超强传真机

在公用电话交换网上开放传真业务，传真才得到广泛的发展。

▲ 多功能传真机

进入20世纪80年代以来，随着传真机标准化进程和技术的成熟，传真通信成了发展最快的一种非话业务。概括起来传真从产生到发展经历了以下三个阶段：

（1）基础阶段（1843~1972年）

这一阶段的传真机基本上采用机械式扫描方式，并大部分使用滚筒式扫描。传真机的电路部分是采用模拟技术，分立元件。在传输方面则是采用调幅、调频等低效率的调制技术，且基本上利用专用的有

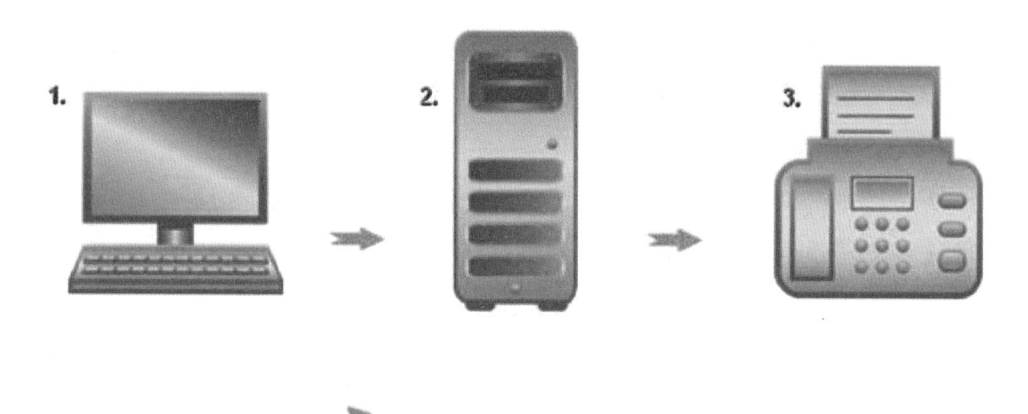

▶ 网络传真

线电路进行低速传输。这时传真的应用范围很窄，主要用于新闻、气象广播等。

（2）发展普及阶段（1972~1980年）

自1969年，特别是1972年以后，由于世界各国相继允许在公用电话交换网上开放传真业务，使传真进入了一个新的历史发展时期。这一时期的传真技术从模拟发展到了数字，机械式扫描由固体化电子扫描取代，低速传输向高速传输发展。以文件传真三类机为代表，它的出现和推广应用改变了人们对传真机的传统看法，加快了传真通信的发展。此外，传真的应用范围也得到了扩大，除用于传送文件、新闻照片、气象图以外，在医疗、印刷、图书管理、情报咨询、金融数据、电子邮政等方面也开始得到应用。

（3）多功能化阶段（1980年以后）

这一阶段的传真机不仅作为通信设备获得了广泛应用，还在办公室自动化系统和电子邮政等方面担任了重要角色，向综合处理的终端过渡。现在，已开始和微型计算机相结合，利用计算机技术来增加传真在信息收集、存储、处理、交换等方面的功能，逐步纳入到综合业务数字网中去。

网上传真业务是宽带网和传统电话传真业务的良好结合。通过网

▲ 网络传真一体机

上传真，只要能接入宽带网，便可使用电脑直接收发传真，收发传真就像收发电子邮件一样简单。通过网上传真系统，用户可以使用IE浏览器直接发送传真，传真群发瞬间便可完成。每一个用户均有一个网上传真分机号码，其他用户可使用普通电话传真机向网上用户发传真。收到传真后，用户可以灵活地进行传真分发、转发工作。

使用网上传真系统后可简化工作环节，提高工作效率，节省设备的购置费用和维护费用，实现无纸化管理，使信息沟通更加及时通畅。

2. 畅通无阻——网络传真

网络传真也称电子传真，是传统电信线路与软交换技术的融合，是无须购买任何硬件（传真机、耗材）及软件的高科技传真通信产品。

网络传真是基于电话交换网和互联网络的传真存储转发，也称电子传真。它整合了电话网、智能网和互联网技术。网络传真是通过互联网将文件传送到传真服务器上，由服务器转换成传真机接收的通用图形格式后，再通过电信线路发送到全球各地的普通传真机或任何的电子传真号码上。

（1）网络传真功能

①发送传真

网络传真采用三种常用方式发送传真：客户端、Web 浏览器、电子邮件。同时通过与企业不同业务系统的集成，实现通过企业业务系统发送传真。

②接收传真

网络传真可将接收到的传真自动分发到收件箱和电子邮件信箱。传真接收人可以通过网络传真（Client，Web Client，E-mail 等）接收和查看传真。

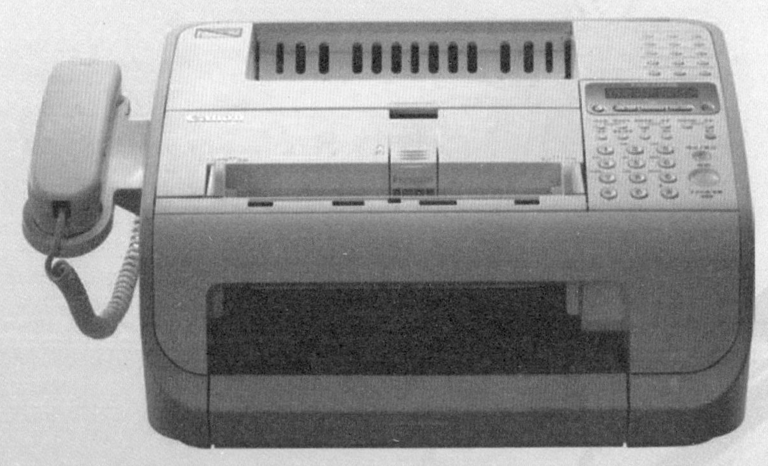

▲ 复印传真机

▲ 网络传真的效果图

（2）传真的类型和优缺点

①传统传真机：需有电信线路，并需采购传真机或者必须有电脑，通过电信线路来收发传真。

缺点：浪费耗材，发送时间慢，传真不够清晰。

优点：传真质量稳定，成功率在95%以上。

②网上传真软件：是电脑生产商自带的一种传真软件，可通过电脑自带的程序把电话线接在电脑后的接口使用。

缺点：需要使用电脑，发送过程依赖软件，无软件不能发送，发送容易出现信号中断现象。

优点：无须购买传真设备，直接通过电脑来发送即可。

③网络传真：无须采购硬件及软件，无须纸张耗材浪费，只需在有互联网的地方登录网址，即可收发传真。

缺点：依旧依赖电脑和宽带，必须上网才能收发，发送稳定性不如传统传真机强。

优点：无须传真机，无须传真耗材，无纸化、移动办公。

（3）网络传真的优势

网络传真能提供很多便捷服务，具有很强的信息优势：

方便——网络传真使人们不需要等候在传真机前就能发送传真。相反，人们可以随时上网登录运行传真网站，发出传真，与发送电子邮件类似。

可靠——人们不用担心传真机卡纸或没墨而收不到传真。互联传真的可靠性达到99.99%。

省钱——人们不用申请传统的传真线路，不用花几千块钱买传真机，不用花钱买打印墨、买传真纸。

自动重发——网络传真检测到对方传真机占线或无人应答时，系

统可在3分钟内重发。

语音通知——网络传真检测到对方传真机是人工接听时，系统自动播放语音通知。

系统监控——通过网络传真监控程序，可对发送传真的进程进行实时监控，即时查询发送情况。

计费管理——网络传真计费管理功能可对每个传真自动计费，并在账号上实时显示，便于日后统计费用。

统计分析——系统可详细记录每个分发事件，包括发送时间、是否成功等。

操作简便——操作简单方便。

第十三节　不贴邮票的信件——电子邮件

电子邮件简称“E-mail”，标志符号“@”，也被大家昵称为“伊妹儿”。电子邮件又称电子信箱、电子邮政，它是一种用电子手段提供信息交换的通信方式，也是互联网应用最广的服务。

▲ 电子邮件的各类图标

电子邮件指用电子手段传送信件、单据、资料等信息的通信方法。电子邮件综合了电话通信和邮政信件的特点，它传送信息的速度和电话一样快，又能像信件一样使收信者在接收端收到文字记录。电子邮件系统又称基于计算机的邮件报文系统，它承担从邮件进入系统到邮件到达目的地为止的全部处理过程。电子邮件不仅可利用电话网络，而且可利用任何通信网传送。在利用电话网络时，还可利用其非高峰期间传送信息，这对于商业邮件具有特殊价值。由中央计算机和小型计算机控制的面向有限用户的电子系统可以看作是一种计算机会议系统。

通过网络的电子邮件系统，用户可以用非常低廉的价格，以非常快速的方式（几秒钟之内可以发送到世界上任何你指定的目的地），与世界上任何一个角落的网络用户联系。这些电子邮件可以是文字、图像、声音等各种方式。同时，用户可以得到大量免费的新闻、专题邮件，并实现轻松的信息搜索，这是任何传统的方式都无法相比的。正是由于电子邮件的使用简易、投递迅速、收费低廉、易于保存、全球畅通无阻，使得电子邮件被广泛地应用，使人们的交流方式得到极大的改变。另外，电子邮件还可以进行一对多的邮件传递，同一邮件可以一次发送给许多人。

最重要的是，电子邮件是整个网络间以至所有其他网络系统中直接面向人与人之间信息交流的系统，它的数据发送方和接收方都是人，所以极大地满足了大量存在的人与人通信的需求。

1. 长袖善舞——电子邮件的工作过程

电子邮件的工作过程遵循客户—服务器模式。每份电子邮件的发送都要涉及发送方与接收方，发送方式构成客户端，而接收方构成服务器，服务器含有众多用户的电子信箱。

发送方通过邮件客户程序，将编辑好的电子邮件向邮局服务器发送。邮局服务器识别接收者的地址，并向管理该地址的邮件服务器发送消息。邮件服务器识别将消息存放在接收者的电子信箱内，并告知接收者有新邮件到来。接收者通过邮件客户程序连接到服务器后，就会看到服务器的通知，进而打开自己的电子信箱来查收邮件。

通常互联网上的个人用户不能直接接收电子邮件，而是通过申请ISP主机的一个电子信箱，由ISP主机负责电子邮件的接收。一旦有电子邮件到来，ISP主机就将邮件移到用户的电子信箱内，并通知用户有新邮件。因此，当发送一条电子邮件给另一个客户时，电子邮件首先从用户计算机发送到ISP主机，再到Internet，再到收件人的ISP主机，最后到收件人的个人计算机。

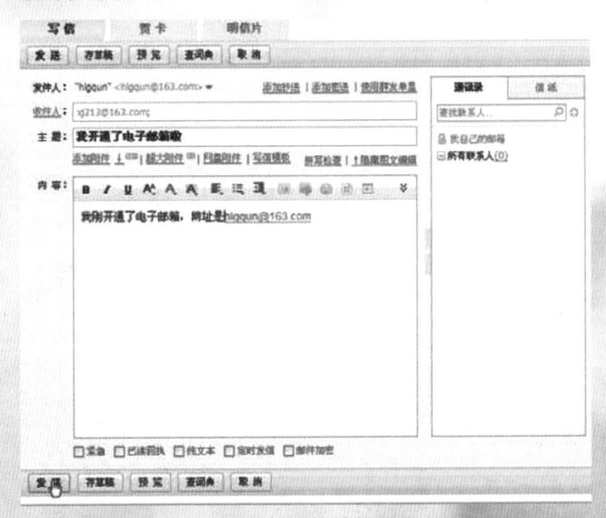

▲ 电子邮件界面

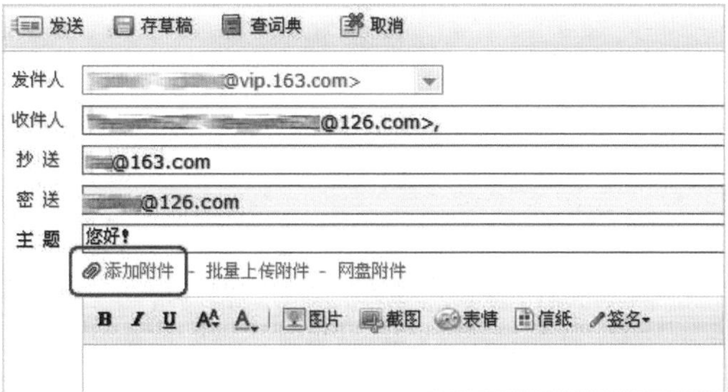

ISP 主机起着“邮局”的作用，管理着众多用户的电子信箱。每个用户的电子信箱实际上就是用户所申请的账号名。每个用户的电子邮件信箱都要占用 ISP 主机一定容量的硬盘空间，由于这一空间是有限的，因此用户要定期查收和阅读电子信箱中的邮件，以便腾出空间来接收新的邮件。

知识链接

世界上第一封电子邮件

对于世界上第一封电子邮件（E-mail），现在有两种说法：

第一种说法。

1969 年 10 月，世界上的第一封电子邮件是由美国计算机科学家 Leonard K 教授发给他的同事的一条简短消息。这条消息只有两个字母：“LO”。Leonard K 教授因此被称为“电子邮件之父”。

Leonard K 教授解释："当年我试图通过一台位于加利福尼亚大学的计算机和另一台位于旧金山附近斯坦福研究中心的计算机联系。我们所做的事情就是从一台计算机登录到另一台计算机。当时登录的办法就是键入L-O-G。于是我方键入L，然后问对方：'收到L了吗？'对方回答：'收到了。'然后依次键入O和G。还未收到对方收到G的确认回答，系统就瘫痪了。所以第一条网上信息就是'LO'，意思是'你好，我完蛋了。'"

第二种说法。

1971年，美国国防部资助的阿帕网正在如火如荼地研发当中，一个非常棘手的问题出现了：参加此项目的科学家们在不同的地方做着不同的工作，但是却不能很好地分享各自的研究成果。原因很简单，因为大家使用的是不同的计算机，每个人的工作对别人来说都是没有用的。他们迫切需要一种能够借助于网络在不同的计算机之间传送数据的方法。为阿帕网工作的麻省理工学院博士雷·汤姆林森把一个可以在不同的电脑网络之间进行拷贝的软件和一个仅用于单机的通信软件进行了功能合并，命名为SNDMSG（即Send Message，意为发送信息）。为了测试，他使用这个软件在阿帕网上发送了第一封电子邮件，收件人是另外一台电脑上的自己。

尽管这封邮件的内容连本人也记不起来了，但那一刻仍然具备十足的历史意义：电子邮件诞生了。汤姆林森选择“@”符号作为用户名与地址的间隔，因为这个符号比较生僻，不会出现在任何一个人的名字当中，而且这个符号的读音也有“在”的含义。阿帕网的科学家们以极大的热情欢迎了这个石破天惊般的创新。他们天才的想法及研究成果，现在可以用最快的，快得难以觉察的速度来与同事共享了。现在他们中的许多人回想起来，都觉得阿帕网所获得的巨大成功当中，电子邮件功不可没。

2. 零污染垃圾——垃圾邮件

垃圾邮件现在还没有一个非常严格的定义，一般来说，是未经用户许可就强行发送到用户的邮箱中的任何电子邮件。

在垃圾邮件出现之前，美国一位名为桑福德·华莱士（或“垃圾福”）的人，成立了一家公司，专门为其他公司客户提供收费广告传真服务。由于引起接收者的反感，以及浪费纸张，于是美国立法禁止未经同意的传真广告。后来“垃圾福”把广告转到电子邮件，垃圾邮件便顺理成章地出现。

3. 无形杀手——邮件病毒

邮件病毒是指通过电子邮件传播的病毒，一般是夹在邮件的附件中，在用户运行了附件中的病毒程序后，就会使电脑染毒。需要说明的是，电子邮件本身不会产生病毒，只是病毒的寄生场所。

▲ 接收电子邮件

4. 没有硝烟的炸弹——电子邮件炸弹

电子邮件炸弹是最早的匿名攻击之一：通过设置一台机器不断地大量向同一地址发送电子邮件，攻击者能够耗尽接收者网络的宽带。由于这种攻击方式简单易用，也有很多发匿名邮件的工具，而且只要对方获悉具体的电子邮件地址就可以进行攻击，所以这是最值得防范的一个攻击手段。

电子邮件炸弹可以说是目前网络安全中最为“流行”的一种恶作剧方法，而这些用来制作恶作剧的特殊程序也称为“E-mail Bomber”。当某人或某公司的所作所为引起了某位好事者的不满时，这位好事者就可能会通过这种手段来发动进攻，以泄私愤。这种攻击手段不仅会干扰用户的电子邮件系统的正常使用，甚至它还能影响到邮件系统所在的服务器系统的安全，造成整个网络系统全部瘫痪。所以电子邮件炸弹是一种杀伤力极其强大的网络武器。

5. 不用纸张的广告——电子邮件广告

电子邮件广告是以电子邮件为传播载体的一种网络广告形式。电子邮件广告有可能全部是广告信息，也可能在电子邮件中穿插一些实用的相关信息，可能是一次性的，也可能是多次的或者定期的。通常情况下，网络用户需要事先同意加入到该电子广告邮件列表中，以表示同意接受这类广告信息，他才会接受到电子邮件广告。这是一种许可行销的模式。那些未经许可而收到的电子邮件广告通常被视为垃圾邮件。

▲ 电子邮件中附加的广告

第十四节 电的使者——电报

电报，就是用电信号传递的文字信息。在通信越来越迅捷的今天，电报的作用已经不是很大了，也许有一天电报就会从我们的生活中消失。

电报是通信业务的一种，是最早使用电进行通信的方法。它利用

▲ 电报机（发报机）

电流（有线）或电磁波（无线）作载体，通过编码和相应的电处理技术实现人类远距离传输与交换信息的通信方式。电报通过电报机发送消息。

电报大大加快了消息的流通，是工业社会的一项重要发明。早期的电报只能在陆地上通信，后来使用了海底电缆，开展了越洋服务。到了20世纪初，开始使用无线电拍发电报，电报业务基本上已能抵达地球上大部分地区。电报主要是用作传递文字信息，使用电报技术用作传送图片称为传真。

利用电磁波作载体，通过编码和相应的电处理技术实现人类远距离传输与交换信息的通信方式。电报通信是在1837年由美国S.F.B.莫尔斯首先试验成功的。

▲ 电报机的操作杆

电报的基本原理是：把英文字母表中的字母、标点符号和空格按照出现的频度排序，然后用点和画的组合来代表这些字母、标点和空格，使频度最高的符号具有最短的点画组合；“点”对应于短的电脉冲信号，“画”对应于长的电脉冲信号。这些信号传到对方，接收机把短的电脉冲信号翻译成“点”，把长的电脉冲信号转换成“画”；译码员根据这些点画组合就可以译成英文字母，从而完成通信任务。

1. 电磁妙用——电报的发明

18世纪30年代，由于铁路迅速发展，迫切需要一种不受天气影响、没有时间限制又比火车跑得快的通信工具。此时，发明电报的基本技术条件（电池、铜线、电磁感应器）也已具备。1837年，英国库克和惠斯通设计制造了第一个有线电报，而且不断加以改进，发报速度不断提高。这种电报很快在铁路通信中获得了应用。他们的电报系统的特点是电文直接指向字母。

与此同时，美国人莫尔斯也对电报着了迷。他是一位画家，在41岁那年，在从法国学画后返回美国的轮船上，医生杰克逊将他引入了电磁学这个神奇世界。在船上，杰克逊向他展示了“电磁铁”，一通电能吸起铁，一断电铁器就掉下来；还说：“不管电线有多长，电流都可以神速通过。”这个小玩意儿使莫尔斯产生了遐想：

▲ 莫尔斯

既然电流可以瞬息通过导线，那能不能用电流来传递信息呢？为此，他在自己的画本上写下了“电报”字样，立志要完成用电来传递信息的发明。

回美国后，他全身心地投入到研制电报的工作中去。他拜著名的电磁学家亨利为师，从头开始学习电磁学知识。他买来了各种各样的实验仪器和电工工具，把画室改为实验室，夜以继日地埋头苦干。他设计了一个又一个方案，绘制了一幅又一幅草图，进行了一次又一次试验，但得到的是一次又一次失败。

1836 年，莫尔斯终于找到了新方法。他在笔记本上记下了新的设计方案：电流只要停止片刻，就会现出火花。有火花出现可以看成是一种符号，没有火花出现是另一种符号，没有火花的时间长度又是一种符号。这三种符号组合起来可代表字母和数字，就可以通过导线来传递文字了。莫尔斯的奇特构想，即著名的“莫尔斯电码”，这是电信史上最早的编码，是电报发明史上的重大突破。

▲ 电报机房

1844 年 5 月 24 日是世界电信史上光辉的一页。莫尔斯在美国国会大厅里，亲自按动电报机按键。随着一连串嘀嘀嗒嗒声响起，电文通过电线很快传到了数

140

十千米外的巴尔的摩，他的助手准确无误地把电文译了出来。莫尔斯电报的成功轰动了美国、英国和世界其他各国，他的电报很快风靡全球。

19 世纪后半叶，莫尔斯电报已经获得了广泛的应用。

知识链接

谁是电报的发明者

虽然早在 19 世纪初，就有人开始研制电报，但实用电磁电报的发明，主要归功于英国科学家库克、惠斯通和美国科学家莫尔斯。1836 年，库克制成电磁电报机，并于次年申请了首个电报专利。惠斯通则是库克的合作者。莫尔斯原本是美国的一流画家，出于兴趣，他在 1835 年研制出电磁电报机的样机，后又根据电流通过或断掉时出现电火花和没有电火花两种信号，于 1838 年发明了由点、画组成的“莫尔斯电码”。

1858 年 7 月《美国科学杂志》杂志报道：众所周知，英国人一向宣称，电磁式电报是由他们的同胞惠斯通教授发明的。而在大西洋彼岸，电报公司的成立，则让更多的欧洲人开始讨论谁才是电报的真正发明者。法国巴黎的《通报》认为，莫尔斯虽不是电报原理的创立者，却是第一个将这个原理用于实践的人。

2. 公私分明——电报的分类

电报因译码、传递速度、信息内容等的不同，可以分成很多类。

（1）明码电报与密码电报

电报对某些电文的传递，不是直接拍发和接收的，尤其是汉字书写的电文，需将文字译成可用电信号传达的电码后才能用发报机向外拍发。电码有全社会共同约定的，也有个别人或集团之间互相约定的。全社会共同约定的电码供公众公开使用，叫明码；由个别少数人或集团之间互相约定的电码，主要用于保密活动，所以叫密码。

公众日常拍发和接收的电报，都是明码电报。目前明码电报的翻译工作，一般是由电信局的业务人员来做，发报人将拟好的电文按邮电局规定的手续写好交付业务人员就可以了。收报人收到的电文，已经是业务人员根据接收的电码译成文字的电文了。

▲ 电报站机房

（2）普通电报与加急电报

普通电报与加急电报的区别在于传递的时间长短。就我国目前电报传递的条件来讲，普通电报一般在2至8个小时之间可以收到。但是，普通电报夜间停送，如果事情特别紧急，普通电报的速度不能满足需要时，就须发加急电报。加急电报比普通电报速度更快，收费也相应增高，办理发报手续时须写明“加急业务”，并按“加急业务”交费就可以了。

（3）公务电报与私务电报

电报依其内容来分，首先可分为公务电报和私务电报两大类。公务电报是为公事而拍发的，公务电报稿的写作属公文文种，可参阅公文写作的有关写法。私务电报是个人生活交际活动常用的，这类电报稿的写作属于日常生活应用文范围。

3. 神奇密码——电码

电码主要有两种：莫尔斯电码和五单位电码。

（1）莫尔斯电码

莫尔斯电码由短的和长的电脉冲（称为点和画）所组成。

字符	电码符号	字符	电码符号	字符	电码符号
A	·—	N	—·	1	·————
B	—···	O	———	2	··———
C	—·—·	P	·——·	3	···——
D	—··	Q	——·—	4	····—
E	·	R	·—·	5	·····
F	··—·	S	···	6	—····
G	——·	T	—	7	——···
H	····	U	··—	8	———··
I	··	V	···—	9	————·
J	·———	W	·——	0	—————
K	—·—	X	—··—	?	··——··
L	·—··	Y	—·——	/	—··—·
M	——	Z	——··	( )	—·——·—
				—	—····—
				·	·—·—·—

▲ 莫尔斯电码

点和画的时间长度都有规定，以一点为一个基本单位，一画等于三个点的长度。在一个字符内，各点画之间的间隔时间为一个点的长度，而字符和字符之间的间隔为三个点的长度。字与字之间的间隔为五个点的长度。莫尔斯电码各个字符的电码长度是不一样的，因此属于不均匀电码。

（2）五单位电码

属于均匀电码，每个字符由长度相等的五个电脉冲组成，一般以有电流代表传号，无电流代表空号。传号和空号是两种不同的状态，并且只有五个位置供选占，因而能有25至32种不同的组合。这些组合，既可代表字母，又可代表数字和标点符号及“机能”组合。字母和数字的转换由机能组合控制。五单位电码不止一种，使用较普遍的是国际第二号电码和数字保护电码。

知识链接

第一封海底电缆电报

1850年8月28日，英国人约翰和雅各布·布雷特兄弟俩在法国的格里斯–奈兹海角和英国索兰海角之间的公海里用“巨人”号拖船在英法两国之间的多佛尔海峡敷设了第一条海缆，但只发了几份电报就中断了。原因是有个打鱼人用拖网拉起了一段电缆，并截下一节高兴地向别人夸耀这种稀少的“海草”标本，惊奇地说那里面装满了金子。

1858年8月5日，第一份海缆电报横越大西洋。这条大西洋海底海缆于1857年8月7日从爱尔兰西海岸瓦伦西亚开始敷设，8月17日海缆在12000英尺深的水下崩断。1858年7月28日深夜，两只敷缆船再次在大西洋中部相会，拼接好电缆后敷缆船向相反的方向敷缆。8月5日，总长为3240千米的电缆敷缆完毕。凌晨2点45分，第一份海缆电报横越大西洋。8月12日美国和英国之间播发海缆电报,9月3日1点,由于报务员的错误导致电缆绝缘击穿而损坏。

美国历史上最后一封电报

2006年2月6日，美国西部联盟公司宣布，停止电报业务。具有讽刺意义的是，该公司是在互联网上公布这个消息的。而互联网这一高科技通信手段恰恰就是导致电报“退场”的重要原因之一。由于越来越少的人使用电报，这个消息竟然足足被人忽略了一个星期之久，才引起公众媒体的注意。

据西部联盟公司透露，最后10份电报的内容包括生日祝福、对死者的哀悼和一次紧急事件通知。其中，不少发电报的人是冲着“发出美国历史上最后一封电报”而来的。

美国西部联盟公司创建于1855年，当时电报是先进、流行的通信手段，后来被称为“维多利亚时代的互联网”，该公司也是美国最后一个提供电报服务的公司。

第十五节　耳朵的灵感——电话

电话是人们最熟悉的通信方式之一。它是通过电信号双向传输话音的设备，也是固定通信的一种。历史上对电话的改进和发明包括：碳粉话筒，人工交换板，拨号盘，自动电话交换机，程控电话交换机，双音多频拨号，语音数字采样等。近年来的新技术包括数字电话网络、公用电话网络、模拟移动电话和数字移动电话等。

“电话”是日本人生造的汉语词，用来意译英文的“telephone”。

当初中国人对这个英文词采取了音译，译作“德律风”。在一段时期内，“电话”和“德律风”两种叫法通用。但后来，“德律风”这种叫法终于消失。由于20世纪初年，一群在日本的绍兴籍留学生曾联名给家乡

▲ 老式拨号电话

写回一封长信，其中详细介绍了日本的近代化情形，鲁迅也列名其中。信中说到“电话”时，特意注释：“以电器传达言语，中国人译为‘德律风’，不如电话之切。”所以，以后就叫“电话”了。

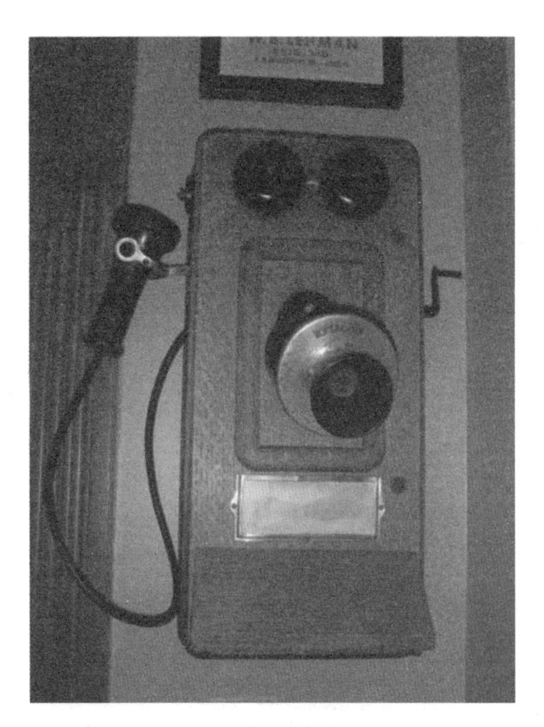

▲ 摇把电话

电话通信是通过声能与电能相互转换并利用“电”这个媒介来传输语言的一种通信技术。两个用户要进行通信，最简单的形式就是将两部电话机

用一对线路连接起来。

（1）当发话者拿起电话机对着送话器讲话时，声带的振动激励空气振动，形成声波。

（2）声波作用于送话器上，使之产生电流，称为话音电流。

（3）话音电流沿着线路传送到对方电话机的受话器内。

（4）而受话器作用与送话器刚好相反——把电流转化为声波，通过空气传至人的耳朵中。

1.“别问我是谁”——电话的发明

关于电话的发明人，传统的说法，把电话的发明权归结于贝尔。然而历史上关于电话的真正发明者是存在争议的，这涉及三个相关人物贝尔、格雷还有梅乌奇。

目前，大家公认的电话发明人是贝尔，他于1876年2月14日在美国专利局申请了电话专利权。其实，就在他提出申请两小时之后，一个名叫E·格雷的人也申请了电话专利权。

▲ 贝尔

在他们两人之前，欧洲已经有很多人在进行这方面的设想和研究。早在1854年，电话原理就已由法国人鲍萨尔设想出来了，6年之后德国人赖伊斯又重复了这个设想。原理是：将两块薄金属片用电线相连，一方发出声音时，金属片振动，变成电，传给对方。但这仅仅是一种设想，问题是送话器和受话器的构造，怎样才能把声音这种机械能转换成电能，并进行传送。

▲ 老式模拟拨号电话

最初，贝尔用电磁开关来形成一开一闭的脉冲信号，但是这对于声波这样的高频率，这个方法显然是行不通的。最后的成功源于一个偶然的发现，1875年6月2日，在一次试验中，他把金属片连接在电磁开关上，没想到在这种状态下，声音奇妙地变成了电流。分析原理，原来是由于金属片因声音而振动，在相连的电磁开关线圈中产生了电流。这对于贝尔来说无疑是非常重要的发现。

然而贝尔并不是唯一致力于发明电话的人。一个叫伊莱沙·格雷的人就曾与贝尔展开过关于电话专利权的法律诉讼。格雷与贝尔在同一天申报了专利，但由于在具体时间上比贝尔只晚了2个小时左右，最终败诉。

格雷的设计原理与贝尔有所不同，是利用送话器内部液体的电阻变化，而受话器则与贝尔的完全相同。1877年，爱迪生又取得了碳粒

▲ 现代的多功能电话

送话器的发明专利。同时，还有很多人对电话的工作方式进行了各种各样的改进。专利之争错综复杂，直到1892年才算告一段落。

其实，关于电话的发明人们还应该想到另一个默默无闻的意大利人——1845年移居美国的安东尼奥·梅乌奇。梅乌奇痴迷于电生理学研究，他在不经意间发现电波可以传输声音。1850年至1862年，梅乌奇制作了几种不同形式的声音传送仪器，称作“远距离传话筒”。可惜的是，梅乌奇生活潦倒，无力保护他的发明。当时申报专利需要交纳250美元的申报费用，而长时间的研究工作已经耗尽了他所有的积蓄。梅乌奇的英语水平不高，这也使他无法了解该怎样保护自己的发明。随后，命运又给了梅乌奇一个更大的打击。1870年，梅乌奇患上了重病，不得不以区区 6 美元的低价卖掉了自己发明的通话设备。为了保护自己的发明，梅乌奇试图获取一份被称作“保护发明特许权请求书”的文件。为此他每年需要交纳 10 美元的费用，并且每年需要更新一次。3 年之后，梅乌奇沦落到靠领取社会救济金度日，付不起手续费，请求书也随之失效。

直到 2002 年 6 月 15 日，美国议会通过议案，认定安东尼奥·梅乌奇为电话的发明者。如今在梅乌奇的出生地佛罗伦萨有一块纪念碑，上面写着“这里安息着电话的发明者——安东尼奥·梅乌奇”。

2. 曲径通幽——电话技术的发展

电话发明后的几十年里，围绕着电话的经营、技术等问题，大量的专利被申请：“自动拨号系统”的发明减少了人工接线带来的种种问题；干电池的应用缩小了电话的体积；装载线圈的应用减少了长距离传输的信号损失。

▲ 多媒体手机

1906 年，Lee De 发明了电子试管，它的扩音功能领导了电话服务的方向。后来贝尔电话实验室据此制成了电子三极管，这项研究具有重大意义。1915 年 1 月 25 日，第一条跨区电话线在纽约和旧金山之间开通。它使用了 2500 吨铜丝、13 万根电线杆和无数的装载线圈，沿途使用了 3 部真空管扩音机来加强信号。1948 年 7 月 1 日，贝尔实验室的科学家发明了晶体管。这不仅仅对于电话发展有重大意义，对于人类生活的各个方面都有巨大的影响。在后来的几十年里，又有大量新技术出现，例如集成电路的生产和光纤的应用，这些都对通信系统的发展起了非常重要的作用。

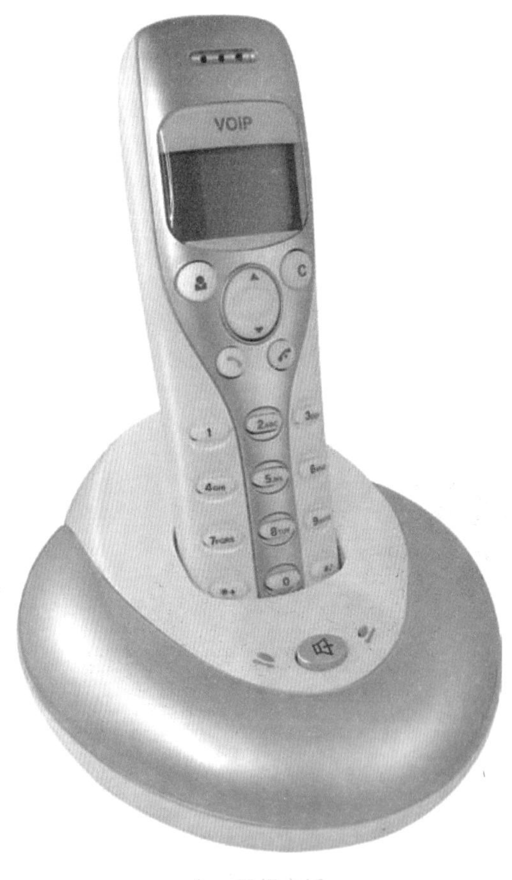

▲ 无绳电话

（1）无绳电话

无绳电话是一种自动电话单机。这种电话单机由主机和副机两部分组成。使用时，将主机接入有线电话网，用户可离开主机几十米远，利用副机收听和拨叫电话。这种电话单机的主机与副机之间是通过无线电连接的，其间通话内容都将暴露于空中，如使用不慎，会造成空中泄密。

无绳电话机实质上是全双工无线电台与有线市话系统及

逻辑控制电路的有机组合，它能在有效的场强空间内通过无线电波媒介，实现副机与座机之间的“无绳”联系。最常见的是全模拟制的无绳电话机。简单地说，无绳电话机就是将电话机的机身与手柄分离成为主机（母机）与副机（子机）两部分，主机与市话网用户电话线连接，副机通过无线电信道与主机保持通信，不受传统电话机手柄话绳的限制。

（2）USB 电话

USB 电话是一种在外形上小巧美观，形似手机，易于携带的网络话机。它使用 USB 接口连接电脑，利用电脑接入互联网来传送语音，专业性高，支持很多软电话。独特的手机式外形设计，即插即用，连接 PC 电脑或笔记本，简单易用。你可通过它像普通电话一样拨打或接听任何网络电话。

▲ USB 电话

(3)网络电话

网络电话通过互联网拨打电话到普通电话上，关键是服务供应商要在互联网上建立一套完善的电话网关。所谓电话网关，是指可以将互联网和公共电话网连接在一起的电脑电话系统，它的一端与互联网连接，另一端是可以打进打出的电话系统。当用户上网后，使用专用的网络电话软件，可以通过麦克风和声卡将语音进行数字化压缩处理，并将信号传输到离目的地最近的电话网关，电话网关将数字信号转换成可以在公共电话网上传送的模拟信号，并接通对方电话号码，双方就可以通过互联网电话网关通话了。

第十六节 地平线上的“朝阳”——手机

在日新月异、标新立异的科技时代里，手机作为移动通信的主要工具已成为人与人之间联系沟通，情感交流的重要方式。手机曾经以彰显尊贵身份和崇高地位的“大哥大”角色吸引了人们的眼球，扮演了一个时代的“宠儿”。进入21世纪以来，随着

▲ 现代商务通信

社会和经济的飞速发展，手机逐渐放下身段，降低了门槛，由“旧时王谢堂前燕，飞入寻常百姓家”，很快普及千家万户。

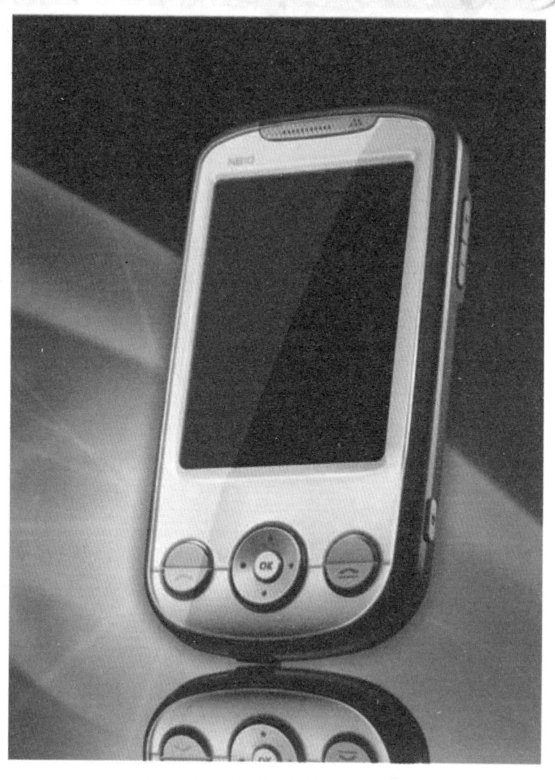

▲ 大容量多功能 3G 手机

手机是手持式移动电话机的简称。移动电话，通常称为手机，日本及港台地区通常称手机为手提电话、手电。在早期手机又有“大哥大”的俗称，是可以在较广范围内使用的便携式电话终端。

目前在全球范围内使用最广是第三代手机（3G），以 GSM 制式和 CDMA 为主。它们都是数字制式的，除了可以进行语音通信以外，还可以收发短信、彩信、多媒体短信、无线应用协议等。在中国大陆及台湾以 GSM 最为普及，CDMA 和小灵通手机也很流行。目前，整个行业正在向第四代手机（4G）过渡。

部分手机除了典型的电话功能外，还包含了 PDA、游戏机、MP3、MP4、照相机、摄影、录音、GPS（全球定位系统）等更多的功能，并有向带有手机功能的 PDA 发展的趋势。

1. 循序渐进——手机的发展历程

(1) 梦幻G时代

①1G

第一代手机(1G)是指模拟的移动电话，也就是在20世纪80-90年代香港、美国等影视作品中出现的大哥大。最先研制出大哥大的是美国摩托罗拉公司的库珀博士。由于当时的电池容量限制和模拟调制技术需要硕大的天线以及集成电路的发展状况等制约，这种手机外表四四方方，只能称为可移动，算不上便携。很多人称呼这种手机为“砖头”或是黑金刚等。

▲ 早期手机“大哥大”

这种手机有多种制式，但是基本上使用频分复用方式，只能进行语音通信，收讯效果不稳定，且保密性不足，无线带宽利用不充分。这种手机类似于简单的无线电双工电台，通话锁定在一定的频率，所以使用可调频电台就可以窃听通话。

② 2G

第二代手机（2G）通常这些手机使用 PHS、GSM 或者 CDMA 这些十分成熟的标准，具有稳定的通话质量和合适的待机时间。在第二代中为了适应数据通信的需求，一些中间标准也在手机上得到支持，例如支持彩信业务的 GPRS 和上网业务的 WAP 服务，以及各式各样的 Java 程序等。

▲ 触摸式手机

③ 3G

3G，是英文 3rdGeneration 的缩写，指第三代移动通信技术。相对第一代模拟制式手机（1G）和第二代 GSM、CDMA 等数字手机（2G），第三代手机一般来讲，是指将无线通信与国际互联网等多媒体通信结合的新一代移动通信系统。它能够处理图像、音乐、视频流等多种媒体形式，提供包括网页浏览、电话会议、电子商务等多种信息服务。为了提供这种服务，无线网络必须能够支持不同的数据传输速度，也就是说在室内、室外和行车的环境中能够分别支持至少 2Mbps（兆字节 / 每秒）、384kbps（千字节 / 每秒）以及 144kbps（千字节 / 每秒）的传输速度。但这些要求并不意味着用户可用速率就可以达到 2Mbps（兆字节 / 每秒），因为室内速率还将依赖于建筑物内详细的频率

▲ 3G 手机功能界面

规划以及组织与运营商协作的紧密程度。

相对第一代模拟制式手机（1G）和第二代 GSM、TDMA 等数字手机（2G），3G 通信的名称繁多，国际电联规定为“国际移动电话 2000”标准，欧洲的电信业巨头们则称它为“UMTS”通用移动通信系统。

目前，国际上 3G 手机有 3 种制式标准：欧洲的 WCDMA 标准、美国的 CDMA2000 标准和由我国科学家提出的 TD — SCDMA 标准。

现在，“3G 通信”已成为人们嘴上津津乐道的流行语了。所谓 3G，中文含义就是指第三代数字通信。1995 年问世的第一代数字手机只能进行语音通话；而 1996 年到 1997 年出现的第二代数字手机便增加了接收数据的功能，2013 年 4 月 4G 时代正式到来，通信行业进入 4G 时代，4G 时代下载速度为 13Mbps，可以通话、视频，发图片、传文件等功能，呼之欲出的 5G 时代马上到来。

2. 放飞梦想——未来手机

未来的手机将偏重于安全和数据通信。一方面加强个人隐私的保护，另一方面加强数据业务的研发，更多的多媒体功能被引入进来，

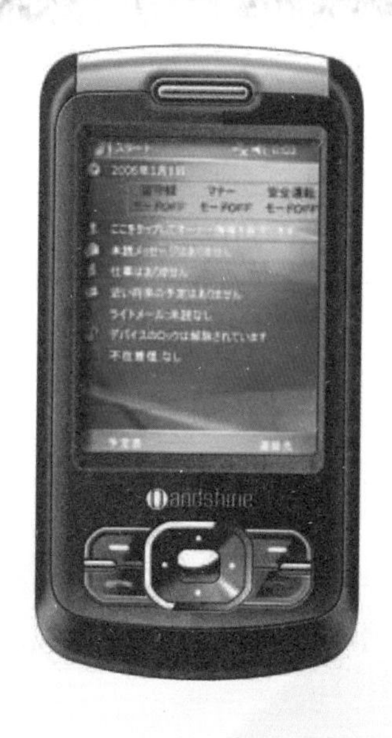

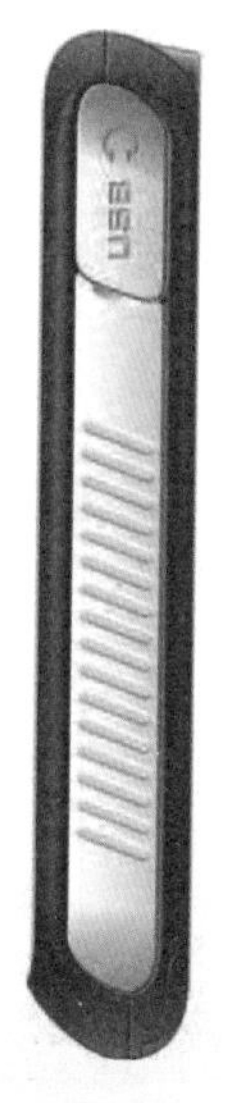

▲ 双卡双待手机

手机将会具有更加强劲的运算能力，成为个人的信息终端，而不是仅仅具有通话和文字消息的功能。

手机会更加智能化、微型化、安全化、多功能化。

目前，使用的手机除了20S系统的苹果手机，还有安桌系统的国产手机，如小米、华为、vivo、荣耀、中兴，另外还有商务手机、影像手机、学习手机、老人手机、儿童手机、炒股手机、音乐手机、智能手机、卫星手机。

3. 五花八门——手机类型

手机类型，顾名思义就是指手机的外在类型，现在比较常用的分类是把手机分为触摸式（苹果、三星、乐视等）大多是触摸式手机折叠式（单屏、双屏）、直立式、滑盖式、旋转式等几类。

▲ 直立式按键手机

（1）单屏折叠式

折叠式手机是指手机为翻盖式，要翻开盖才可见到主显示屏或按键，且只有一个屏幕，这种手机被称为单屏翻盖手机。目前，市场上还推出了双屏翻盖手机，即在翻盖上有另一个副显示屏。这个屏幕通常不大，一般能显示时间、信号、电池、来电号码等功能。

（2）直立式（老人手机）

直立式手机就是指手机屏幕和按键在同一平面，手机无翻盖。直立式手机的特点主要是可以直接看到屏幕上所显示的内容。

（3）滑盖式

滑盖式手机主要是指手机要通过抽拉才能见到全部机身。有些机型就是通过滑动下盖才能看到按键；而另一些则是通过上拉屏幕部分才能看到键盘。从某种程度上说，滑盖式手机是翻盖式手机的一种延伸及创新。

▲ 滑盖手机

（4）腕表式

现在许多儿童使用的手表手机，遇到特殊和突发事件，可以直接发送信息到父母的手机上。

腕表式手机主要是戴在手腕上像手表一样的手机。其设计小巧，功能方面与普通手机并无两样。

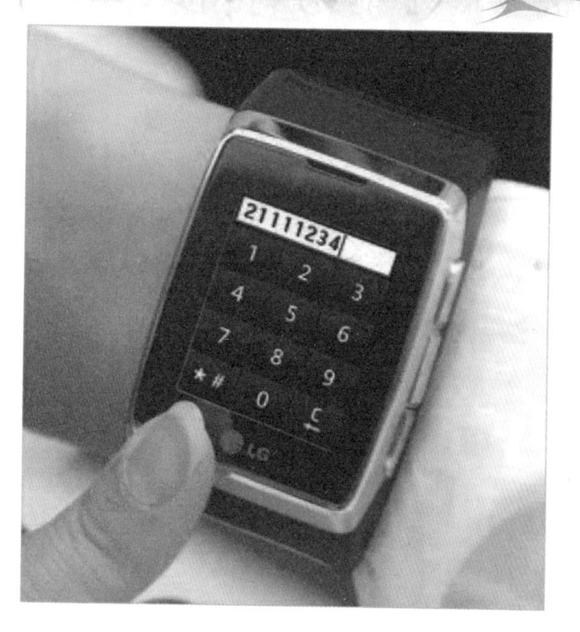

▲ 腕表式

（5）旋转式

和滑盖式差不多，最主要的是在180°旋转后看到键盘。现在主要是双触摸屏。

▲ 旋转式

（6）商务手机

商务手机，顾名思义，就是以商务人士或就职于国家机关单位的人士作为目标用户群的手机产品。由于功能强大，商务手机备受青睐。业内专家指出：“一部好的商务手机，应该帮助用户既能实现快速而顺畅的沟通，又能高效地完成商务活动。”

（7）相机手机

相机手机是手机的一种，也就是机内兼有相机功能的手机。世界上第一部相机手机，是由日本的夏普公司在2000年11月所制造的“J-SH04”手机。这部相机手机通常情况下使用影像感光模组，原因是影像感光模组能够比当时数位相机所用的影像感光模组更为省电，从而保证手机的电池不因为加入了相机的使用而快速用尽。

（8）老人手机

随着人民健康水平的提高和人口寿命的延长，老年人占人口的比例越来越大。占人口比例近三分之一的老年群体，他们需要属于自己的手机，手机功能上力求操作简便。赛洛特率先推出老人手机以后，众多厂家纷纷效仿研制自己品牌的老人手机。

▲ 老人手写手机

实用功能：大屏幕、大字体、大铃音、大按键、大通话音。

方便生活：专业的软件（可视化、菜单简单、结构清晰明了）、一键拨号、验钞、手电筒、助听器、语音（读电话本、读短信、读来电、读拨号）。

不仅如此，还有提高老年人生活品质的功能：外放收音机、京剧戏曲、一键求救（按键后发出高分贝的求救音，并同时向指定号码拨出求救电话、发出求救短信）、日常菜谱（最好可以下载和在线更新）、买菜清单。

（9）音乐手机

音乐手机，其实就是除了电话的基本功能（打电话、发短信等）外，它更侧重于音乐播放功能。其特点是音质好，播放音乐时间持久，有音乐播放快捷键。目前较好的音乐手机有诺基亚 XM 系列和索爱的 WALKMAN 等系列，其他品牌也在这类手机中有所涉及。

（10）电视手机

电视手机是指以手机为终端设备，传输电视内容的一项技术或应用。

▲ 电视手机

目前，手机电视业务的实现方式主要有三种：第一种是利用蜂窝移动网络实现，如美国的“Sprint”、我国的中国移动公司和中国联通公司已经利用这种方式推出了手机电视业务。第二种是利用卫星广播的方式，韩国的运营商计划采用这种方式。第三种是在手机中安装数字电视的接收模块，直接接收数字电视信号，利用移动网络实现播放电视节目。

现在，美国和我国移动运营商推出的手机电视业务主要是依靠现有的移动网络实现的。中国移动的手机电视业务是基于其 GPRS 网络，中国联通则是依靠 CDMA1X 网络。这种手机电视业务实际上是利用流媒体技术，把手机电视作为一种数据业务推出来。不管是 GPRS 手机还是 CDMA1X 手机，都需要在装有操作系统的手机终端上安装相应的播放软件，而相应的电视节目则由移动通信公司或者通过相应的手机增值服务商来组织和提供。

（11）游戏手机

游戏手机，也就是较侧重游戏功能的手机。其特点是机身上有专为游戏设置的按键或方便于游戏的按键，屏幕一般也不会小，比如诺基亚 N-GAGE 平台手机（诺基亚 N81）。

▲ 游戏手机

（12）隐形手机

隐形手机是一款高端智能掌上电脑手机，除了超强的商务功能和连笔手写外，顾名思义，最被追捧的是其“隐形”功能。所谓“隐形”，一是电话、短信可以随心所欲接听、接收，不想接听、接收的全被过滤；二是除了机主本人外，任何人看不到发送和接收的短信，看不到通话记录；三是重要名片自动隐藏，最厉害的还不单纯是看不到的问题，是他人根本就无法知道有无通话和短信及重要名片的存在。用这款手机，即使丢失，个人重要信息无泄密之虞。

（13）智能手机

智能手机，说通俗一点就是“掌上电脑＋手机＝智能手机”。从广义上说，智能手机除了具备手机的通话功能外，还具备了 PDA 的

▲ 智能手机

大部分功能，特别是个人信息管理以及基于无线数据通信的浏览器和电子邮件功能。智能手机为用户提供了足够的屏幕尺寸和带宽，既方便随身携带，又为软件运行和内容服务提供了广阔的舞台，很多增值业务可以就此展开，如股票、新闻、天气、交通、商品、应用程序下载、音乐图片下载，等等。融合3C（Computer、Communication、Comsumer）的智能手机必将成为未来手机发展的新方向。

什么样的手机才算是智能手机呢?

一部智能手机要具备以下条件：

（1）具备普通手机的全部功能，能够进行正常的通话、发照相、视频、微信、短信等手机应用。

（2）具备无线接入互联网的能力，即需要支持GSM网络下的GPRS或者CDMA网络下的CDMA1X、wifi，或者3G网络。

（3）具备PDA的功能，包括PIM（个人信息管理）、日程记事、任务安排、多媒体应用、浏览网页。

（4）具备一个具有开放性的操作系统。在这个操作系统平台上，可以安装更多的应用程序，从而使智能手机的功能可以得到无限的扩充。

知识链接

手机相关术语

异地漫步——漫游

漫游是移动电话用户常用的一个术语，指的是蜂窝移动电话的用户在离开本地区或本国时，仍可以在其他一些地区或国家继续使用他们的移动电话。

漫游只能在网络制式兼容且已经联网的国内城市间或已经签署双边漫游协议的地区或国家之间进行。为实现漫游功能在技术上是相当复杂的。首先，要记录用户所在位置，在运营公司之间还要有一套利润结算的办法。

身份验证——SIM 卡

也称为用户识别卡，是数字移动电话的一张资料卡，它记录着用户的身份识别及密钥，可供 GSM 系统对用户的身份进行鉴别以及对用户话音信息进行加密。SIM 卡有效地防止了被盗用、并机以及话音信息被窃听。

SIM 卡有大小卡之分，功能完全相同，分别适用于不同类型的数字移动电话机上。手机只有装上 SIM 卡才能使用。SIM 卡可以插入任何一台同类型的手机，通话费用自动记入持卡用户的账单上。

速度和流量——GPRS

GPRS 是“通用分组无线业务”的英文缩写，它是在现有的 GSM 网络基础上叠加了一个新的网络，它充分利用了现有移动通信网的设备，在 GSM 网路上增加一些硬件设备和软件升级，形成一个新的网络逻辑实体。它以分组交换技术为基础，采用 IP 数据网络协议，使现有 GSM 网的数据业务突破了最高速率为 9.6kbit/s（千字节 / 秒）的限制，最高数据速率可达 170kbit/s（千字节 / 秒），这样高的数据速率，对于绝大多数移动用户来说，已经是绰绰有余。用户通过 GPRS 可以在移动状态下使用各种高速数据业务，包括收发电子邮件，因特网浏览等 IP 业务功能。

一机两用——双卡双待

双卡双待是指一部手机，可以同时装下两张 SIM 卡，并且这两张卡均处于待机状态。市场上的双卡双待，一般指同一种网络制式的双卡双待，即 GSM 网络双卡双待、CDMA 网络双卡双待、PHS 网络双卡双待；双卡双待主要指第一种情况，即 GSM 双卡双待。目前，市场上 CDMA 和 PHS 制式的双卡双待手机比较少。

第三代身份证——USIM卡

USIM卡就是第三代手机卡。很多人认为在3G时代，绝大部分应用只能由手机实现，卡片上的有限资源只需实现认证功能就可以了。的确，3G的应用十分复杂，大部分的应用都不能通过STK卡来单独完成。但USIM卡并不是只能做单纯的认证功能，事实证明它正在逐步向移动商务平台乃至最后的多应用平台过渡，在手机上实现电子钱包、电子信用卡、电子票据等其他应用已不再是难事。这一特点使USIM卡成为了不同行业跨领域合作、相互渗透经营的媒介，如银行可以参与电信的经营，反之亦然。

除能够支持多应用之外，USIM卡还在安全性方面对算法进行了升级，并增加了卡对网络的认证功能，这种双向认证可以有效防止黑客对卡片的攻击。同时，USIM卡的电话簿功能更为强大，最多可存入500个电话号码，并且针对每个电话，用户还可以选择是否录入其他信息，如电子邮件、别名、其他号码等。

如今，实现基于USIM卡上的多应用还有很多问题亟待解决，如相关的规范不够完善，缺乏支持这种多应用的手机。无论怎样，第三代移动通信卡片在这方面已经做好了技术准备，拥有“第三代身份证”的USIM卡的多应用也终会在4G时代得到广泛使用。

第十七节 多多益善——多媒体通信

顾名思义，多媒体通信是指在一次呼叫过程中能同时提供多种媒体信息的声音、图像、图形、数据、文本等的新型通信方式，它是通信技术和计算机技术相结合的产物。

和电话、电报、传真、计算机通信等传统的单一媒体通信方式比较，利用多媒体通信，相隔万里的用户不仅能声像图文并茂地交流，分布在不同地点的多媒体信息，还能步调一致地作为一个完整的信息呈现

▲ 多媒体音箱

▲ 多媒体存储器

在用户面前，而且用户对通信全过程具有完备的交互控制能力，这就是多媒体通信的分布性、同步性和交互性特点。

多媒体通信的应用范围十分广泛，它的业务类型主要有以下几种：

会话型：你在家中与远方的朋友通电话，可以看到他的形象；你与远在国外的合作伙伴进行贸易谈判，可以逼真地看到对方提供的样品，还可以把已签字的合同立即传送给对方；你甚至可以坐在办公室或家中，利用自己的计算机和分散在世界各地的同行一起“开会”商讨问题，等等。

电子信函型：你可以在任何时间向远方的朋友发出（或接收）集声像图文于一体的“电子函件”。

检索型：你可随时从不同地点的多媒体数据库中检索到需要的多媒体信息。

分配型：你可以在家中随意点播你想收看的电视节目。

要实现应用前景诱人的多媒体通信，需要解决许多重大技术问题。

首先是通信网问题。最适合多媒体通信的通信网，是宽带综合业务数字网，它能灵活地传输交换具有不同传输速率、不同性能要求的多媒体信息。世界各国正在着手建设的“信息高速公路”，为容纳多种媒体信息的“车辆”通行无阻创造了条件。

其次要解决多媒体信息的“压缩”问题，要把音频、视频信号的频带压缩到一定范围，还要研制至少可以存储、显示处理两种以上多媒体信息的多媒体终端设备等。

关于多媒体通信的发展，目前在国外也有一些不同的看法。但是尽管如此，多媒体通信还是成了当今通信领域的一个热点，因为它适应了信息时代人们对信息交流的要求。

知识链接

腾讯 QQ

腾讯 QQ，是现代互联网较为常用的通信联络平台。它的旗下拥有门户网站腾讯网、QQ 即时通信工具、QQ 邮箱、SOSO 搜索以及电子商务平台拍拍网，形成了中国规模最大的网络社区。它为用户提供了一个巨大的便捷沟通平台，以及一系列的社会服务功能及商务应用功能，改变了数以亿计网民的沟通方式和生活习惯。

第十八节 尘封的记忆——我国通信发展大事年表

1871 年，英国、俄罗斯、丹麦敷设香港至上海、长崎至上海的电报水线，全长 2237 海里。于 1871 年 4 月，违反清政府不得登陆的规定，由丹麦大北电报公司出面，秘密从海上将海缆引出，沿扬子江、黄浦江铺设到上海市内登陆，并在南京路 12 号设立报房。于 1871 年 6 月 3 日开始通报。这是帝国主义入侵中国的第一条电报水线和在上海租界设立的电报局。

1873 年，法国驻华人员威基杰参照《康熙字典》的部首排列方法，挑选了常用汉字 6800 多个，编成了第一部汉字电码本，名为《电报新书》，后由我国的郑观应将它改编成为《中国电报新编》，这是中国最早的汉字电码本。华侨商人王承荣从法国回国后，与福州的王斌研制出我国第一台电报机，并呈请政府自办电报，清政

▲ 北京电报站

府拒不采纳。

1875年，福建巡抚丁日昌积极倡导创办电报。1875年在福建船政学堂附设了电报学堂，培训电报技术人员，这是中国第一所电报学堂。

▲ 动电放交换机

1877年，福建巡抚丁日昌利用去我国台湾视事的机会提出设立台湾电报局，拟定了修建电报线路的方案，并派电报学堂学生苏汝灼、陈平国等专司其事。先由旗后（即今高雄）造至府城（即今台南）。负责工程的是武官沈国光，于1877年8月开工，同年10月11日完工，全线长95华里。这是中国人自己修建，自己掌管的第一条电报线，开创了中国电信的新篇章。

1879年，李鸿章在他所辖范围内修建大沽（炮台）、北塘（炮台）至天津，以及从天津兵工厂至李鸿章衙门的电报线路。这是中国大陆上自主建设的第一条军用电报线路。

1880年，李鸿章在天津设立电报总局，派盛宣怀为总办。并在天津设立电报学堂，聘请丹麦人博尔森和克利钦生为教师，委托大北电报公司向国外订购电信器材，为建设津沪电报线路做准备。

1881年，从上海、天津两端同时开工，至12月24日，全长3075华里的津沪电报线路全线竣工。1881年12月28日正式开放营业，收发公私电报，全线在紫竹林、大沽口、清江浦、济宁、镇江、苏州、上海七处设立了电报分局。这是中国自主建设的第一条长途公众电报线路。

1882 年 2 月 21 日，丹麦大北电报公司在上海开通了第一个人工电话交换所。当时有用户 20 多家，每个话机年租金为 150 银元。

1887 年，在当时的我国台湾省巡抚刘铭传的主持下，花费重金敷设了长达 433 里的福州至我国台湾省的电报水线——闽台海缆，于 1887 年竣工。它使台湾与大陆连通一气，对台湾的开发起了重要作用。这是中国自主建设的第一条海底电缆。

当时在安徽主管安庆电报业务的彭名保设计制造成我国第一部电话机，取名为“传声器”，通话距离最远可达 300 华里。

我国最早使用无线电通信的地区是广州。早在 1899 年，在广州督署、马口、前山、威远等要塞以及广海、宝壁、龙骧、江大、江巩等江防军舰上设立了无线电机。

1900 年，南京首先自行开办了磁石式电话局。此后苏州、武汉、广州、北京、天津、上海、太原、沈阳等城市，在 1900 年到 1906 年之间也先后自行开办了市内电话局，使用的都是磁石式电话交换机。

1901 年，丹麦人濮尔生趁八国联军入侵中国之机，在天津私设电话所，称为“电铃公司”。电铃公司将电话线从天津伸展到北京，在北京城内私设电话，发展市内用户不到百户，都是使馆、衙署等，并开通了北京和天津之间的长途电话。

1905 年 7 月，北洋大臣袁世凯在天津开办了无线电培训班，聘请意大利人葛拉斯为教师。他还托葛拉斯代购马可尼猝灭火花式无线电机，在南苑、保定、天津等处行营及部分军舰上装用，用无线电进行相互联系。

1906 年，因广东琼州海缆中断，在琼州和徐闻两地设立了无线电机，在两地间开通了民用无线电通信，这是中国民用无线电通信的开始。

▲ 无线电发射机房

1907 年，北京市内电话改为共电式。4 月 1 日，内外城电话一律改为共电式，月租费墙机由 4 元改为 5 元，桌机由 5 元改为 6 元，通话质量改善，用户已发展到 2000 户以上。5 月 15 日，英商上海华洋德律风公司的万门共电式交换设备投入使用。

1908 年，英商在上海英租界的汇中旅馆私设了一部无线电台，与海上船舶通报。后由清政府收买，移装到上海电报总局内，这是上海地区最早的无线电台。

1911 年，德商西门子德律风公司向清政府申请，要求在北京、南京设立无线电报机，进行远距离无线电通信试验。电台分设在北京东便门和南京狮子山，通报试验结果良好。辛亥革命时，南北有线电通信阻断，南北通信就靠这两地的试验电台沟通。

1912年，国民政府接管清政府邮传部，改组为交通部，设电政、邮政、路政、航政四个司。同年上海电报局开始用打字机抄收电报。京津长途电话线路加装加感线圈（即普平线圈或负载线圈），提高通话质量。国际无线电报公会规定我国无线电的呼号范围为XNA——XSZ。

1913年8月，交通部传习所设有线电工程班和高等电气工程班，分习有线电、无线电各项工程。同年，北京设立邮电学校，设高等班（两年毕业）和中等班（一年毕业）。1919年4月增设“电话专修班”，招收学员20名，成立北京无线电报局，装设5千瓦无线电发报机，地址在东便门外。

1919年4月，北京无线电报局迁至天坛。在北京无线电报局东便门原址设立远程收报处，应用真空管式无线电接收机直接接收欧美各国的广播新闻。6月28日，将直接收到的中国出席巴黎和会代表拒签对德和约的消息，传报给正在总统府前静坐示威的学生，鼓舞了“五四”后的反帝爱国运动。从此打破了外商大北、大东、太平洋三家电报公司垄断传递国外新闻的局面。

1920年9月1日，中国加入国际无线电报公约。

1921年1月7日，中国加入国际电报公约（万国电报公约）。

1923年1月23日，中国最早与外国通报的无线电台建立。5月，由英商承建的喀什噶尔电台建成，与印度北撒孚通报，效果清晰良好。

这是我国最先与外国进行无线电通报的电台。但该电台与乌鲁木齐通报不佳，英商因此悄然溜走。

1924 年 3 月 29 日，上海华洋德律风公司在租界装设的爱立信生产的自动电话交换机投入使用，这是中国最早使用的自动电话交换机。

1924 年，在沈阳故宫八角亭先建立了无线电接收机，接收世界各国的新闻，并与德国、法国订立了单向通信（即单向接收欧洲发至中国的电报）。

1924 年秋，北大营长波电台竣工，装设了 10 千瓦真空管发报机，实现了与迪化（今新疆乌鲁木齐）和云南的远程通信。

1927 年 6 月，沈阳大型短波电台竣工，装设了 10 千瓦德制无线电发报机。年底，成立了沈阳国际无线电台，与德国建立了双向通报电路。这是中国与欧洲直接通信的开始。1928 年，又增设了美制 10 千瓦短波发报机。沈阳国际无线电台承接转发北京、上海、天津、汉口等各地的国际电报，成为当时我国最大的国际电台。

1928 年，这一年全国各地新建了 27 个短波无线电台。

1929 年 1 月 14 日，上海建设了功率为 500 瓦的短波无线电台，开始与菲律宾通报，并由菲律宾中转发往欧美的电报。

1930 年 12 月，与旧金山、柏林、巴黎建立了直达无线电报通信，正式开通中美、中德、中法电路。这是当时唯一由国家经营的国际电信通信机构。上海南京间开办真迹电报。

1931 年起，山东、江苏、浙江、安徽、河北、湖南等省先后开办省内长途电话业务。浙江省的长途电话沟通了全省各县。广东建设了广州、香港之间的长途电话地下电缆，有线30余对，全线长160千米。这是我国第一条地下长途电话电缆。

1931~1934年，上海、南京、天津、青岛、广州、杭州、汉口等城市陆续开办市内自动电话局。

1933年，中国电报通信首次使用打字电报机。

1934年1月，交通部提出建设“九省联络长途电话”的计划，计划建设江苏、浙江、安徽、江西、湖北、湖南、河南、山东、河北等九省联络长途电话线路。干线总长3173千米，于1935年8月竣工。

1936年，浙江省电话局首先在杭州、温州间装设德制的单路载波电话机。这是中国最早使用的载波电话。中国第一条国际无线电话电路开通。1936年，中国上海与日本东京之间开通了无线电话电路，这是中国第一条国际无线电话电路。

1937年，中国在长途干线上开始装用单路或三路载波机。

1942年，中美试办无线电相片传真。

1943年，中国利用载波电话电路试通双工音频电报。

1946年，中国开始建设特高频（超短波）电路。

1947年，上海国际电台开放电传机电路。

1948年，上海、旧金山间开放单向无线电相片传真。

1950年12月12日，我国第一条有线国际电话电路——北京至莫斯科的电话电路开通。经由苏联转接通往东欧各国的国际电话电路也陆续开通。

1950年6月，开始建设的北京国际电台的中央收信台和中央发信台，于1951年相继竣工。这是新中国第一个重点通信建设工程。

1952年9月10日，北京至上海的相片传真业务开放。9月24日，北京至莫斯科的国际相片传真业务开放。我国首次开通明线12路载波电话电路。

1952年9月30日，第一套明线12路载波机（J2）装机，开通北京至石家庄的载波电路。

1954年，研制成功60千瓦短波无线电发射机。

1956年，上海试制成功55型电传打字电报机，我国第一次开放会议电话业务。

1956年2月28日，北京长途电话局开办会议电话业务。首次会议电话会议为中华全国总工会召开的十省市电话会议。

1958年，上海试制成功第一部纵横制自动电话交换机，第一套国产明线12路载波电话机研制成功。

1959年，第一套60路长途电缆载波电话机研制成功，北京与莫斯科之间开通国际用户电报业务。1月20日正式开放北京市内电话开始由5位号码向6位号码过渡。

1963年，120路高频对称电缆研制成功。

1964年，北京至石家庄7×4高频电缆60路载波试验段建成，开始试通电报、电话业务。同时开始研制晶体管载波电话机。

1966 年，我国第一套长途自动电话编码纵横制交换机研制成功，在北京安装使用。

1967 年，电子式中文译码机样机试制成功，在上海安装试用。

1970 年，960 路微波通信系统 I 型机研制成功。我国第一颗人造卫星（东方红 1 号）发射成功。

1972 年，北京开始建设地球站一号站，1973 年建成投产。

1974 年，北京卫星地球站二号站建成投产，通信容量为 132 条话路和一条双向彩色电视。通过印度洋上空的国际通信卫星与亚非各国和地区开通直达电路。研制成功石英光纤。

1978 年，120 路脉码调制系统通过鉴定。研制成功多模光纤光缆。

1980 年，64 路自动转报系统（DJ5-131 型）研制成功。

1982 年，首次在市内电话局间使用短波长局间中继光纤通信系统，256 线程控用户电报自动交换系统研制成功并投入使用。我国自行设计的 8 频道公用移动电话系统在上海投入运营。

1983 年 9 月 16 日，上海用 150 兆赫兹频段开通了我国第一个模拟寻呼系统。4380 路中同轴电缆载波系统研制成功，并通过国家鉴定。

1984 年 4 月 8 日，我国的 DFH—2（东方红二号）试验通信卫星成功发射，定点高度为 35786 千米，4 月 16 日定点于东经 125° E 赤道上空。通过该星进行了电视传输、声音广播、电话传送等试验。我国开始在长途通信线路上使用单模光纤，进入了第三代光纤通信系统。

1984 年 5 月 1 日，广州用 150 兆赫兹频段开通了我国第一个数字寻呼系统，程控中文电报译码机通过鉴定并推广使用。首次具备国际直拨功能的编码纵横制自动电话交换机（HJ09型）研制成功。

1985年，上海贝尔公司组装第一批S—1240程控交换机，广州与香港、深圳、珠海开通电子邮件。深圳发行了我国第一套电话卡，共3枚，面值87元。我国正式经国际卫星组织的C频段全球波束转发中央电视台的电视节目。北京至南极无线电话通话成功。这是我国电信史上最远距离的短波通信。

1986年7月1日，以北京为中心的国内卫星通信网建成投产。7月2日，我国第二颗实用通信卫星发射成功。第一台局用程控数字电话交换机（DS—2000）研制成功。

1987年，第一个长距离架空光缆通信系统（34兆字节/秒）在武汉至荆州、沙市间试通。

1987年9月20日，钱天白教授发出了我国第一封电子邮件，此为中国人使用因特网之始。

1987年11月，广州开通了我国第一个移动电话局，首批用户有700个。我国第一个160人工信息台在上海投入使用。

1988年，第一个实用单模光纤通信系统（34兆字节/秒）在扬州、高邮之间开通，全长为75千米。北京高能物理所成为我国最早使用因特网的单位，利用因特网实现了与欧洲及北美地区的电子邮件通信。

1988年3月27日，我国分别发射了实用通信卫星。

1988年5月9日，北京、波恩国际卫星数字式电视会议系统试通。

1989 年，第一条 1920 路（140 兆字节 / 秒）单模长途干线在合肥、芜湖间建成开通。

1989 年 5 月，我国的第一个公用分组交换网通过鉴定，并于 11 月正式投产使用。6 月，广东省珠江三角洲首先实现了移动电话自动漫游。

1990 年 7 月，上海引进美国摩托罗拉公司的 800MC 集群调度移动通信系统。140 兆字节 / 秒数字微波通信系统研制成功。

1991 年，1 万门程控数字市内电话交换机通过鉴定。1920 路（6G 赫兹）大容量数字微波通信系统和一点对多点微波通信设备通过鉴定。

1991 年 3 月，第一个综合业务数字网的模型网在北京完成联网试验，并通过了技术鉴定。622Mb/s 光纤通信数字复用设备（五次群复用设备）研制成功，并通过了技术鉴定。

1991 年 11 月 15 日，上海首先在 150 兆赫兹频段上开通汉字寻呼系统。

1992 年 7 月，我国第一个 168 自动声讯台在广东省南海开通。

1993 年 9 月 19 日，我国第一个数字移动电话通信网在浙江省嘉兴市首先开通。

1994 年 10 月，我国第一个省级数字移动通信网在广东省开通，容量为 5 万门。

1998 年 5 月 15 日，北京电信长城 CDMA 网商用试验网——133 网，在北京、上海、广州、西安投入试验。

1999年1月14日，我国第一条开通在国家一级干线上的，传输速率为8×2.5Gb/s的密集波分复用（DWDM）系统通过了信息产业部鉴定，使原来光纤的通信容量扩大了8倍。

2002年1月8日，中国联通“新时空”CDMA网络正式开通。中国联通计划在3年内逐步建成一个覆盖全国，总容量达到5000万户的CDMA网络，成为世界最大、最好的CDMA网。

2002年5月17日，中国移动从5月17日起在全国正式投入GPRS系统商用。这意味着，现阶段世界范围内最先进、应用最成熟的移动通信技术GPRS在中国实现大规模应用，中国真正迈入2.5G时代。

2010年，中国正式进入3G时代，现在3G已在千家万户使用，如家用电脑、苹果手机等。

2003年1月28日 上海联通率先开通CDMA1X网络，标志着中国联通的CDMA移动通信全面进入了真正的2.5G。

2004年1月10日，中国卫通与国信寻呼签订协议，6.77亿购联通国脉股份成最大股东，联通开始退出寻呼业。

2005年10月，中国移动和中国联通取消网间差别定价，使移动通信资费进一步下调。

2006年8月10日，中国移动在纽约股市以33.42美元收盘，市值达到1325.8亿美元。一直雄踞移动通信上市公司市值榜首的沃达丰当日市值为1274.5亿美元。至此，网络规模和用户规模均居世界首位的中国移动，其上市公司市值也一举超越沃达丰，成为目前全球市值最大的移动通信运营公司。

2007年，中国移动启动TD-SCDMA试商用网公开招标，总金额近267亿，覆盖8城市。

2008年，中国电信北京公司表示，中国电信为189号段提供的业务，133、153的老客户同业可以开通使用。22日，中国电信189号段正是放号，也标志着天翼业务的正式上市。

2009年3月31日，中国通信学会卫星通信委员会在北京召开了第五届卫星通信新业务新技术学术年会，工信部通信科技委副主任陈如明、总参58所胡光镇院士，以及20余位卫星通信委员会委员和来自各界的约120位代表参加了会议。

2010年中国通信学会六届五次常务理事会审议了组织工作委员会提交的关于2010年度会士遴选工作情况的说明，批准贺彬等20位同志为中国通信学会会士。

2011年中国移动通信产业高峰论坛4月21日在京召开，本次高峰论坛主题为“变革 创新 重构”。

2013年12月4日工信部正式发放4G牌照，移动、电信、联通均获得TDD牌照，中国4G时代正式开启。

2014年中国通信设备行业销售收入19745.02亿元。

2015年5月19日国务院印发《中国制造2025》，在新一代信息技术领域，强调在通信设备层面要全面突破第五代移动通信（5G）技术、核心路由交换技术、超高速大容量智能光传输技术、“未来网络”核心技术和体系架构，积极推动量子计算、神经网络等发展。

2016 年，中国移动牵头 3GPP 的 5G 系统架构标准项目，又有中国主导的 Polar 码入围 3GPP 的 5G eMBB(增强移动宽带) 场景的信道编码技术方案。

2017 年中国年共计划发射 6 颗通信卫星。

图片授权

全景网

壹图网

中华图片库

林静文化摄影部

敬　启

本书图片的编选，参阅了一些网站和公共图库。由于联系上的困难，我们与部分入选图片的作者未能取得联系，谨致深深的歉意。敬请图片原作者见到本书后，及时与我们联系，以便我们按国家有关规定支付稿酬并赠送样书。

联系邮箱：932389463@qq.com